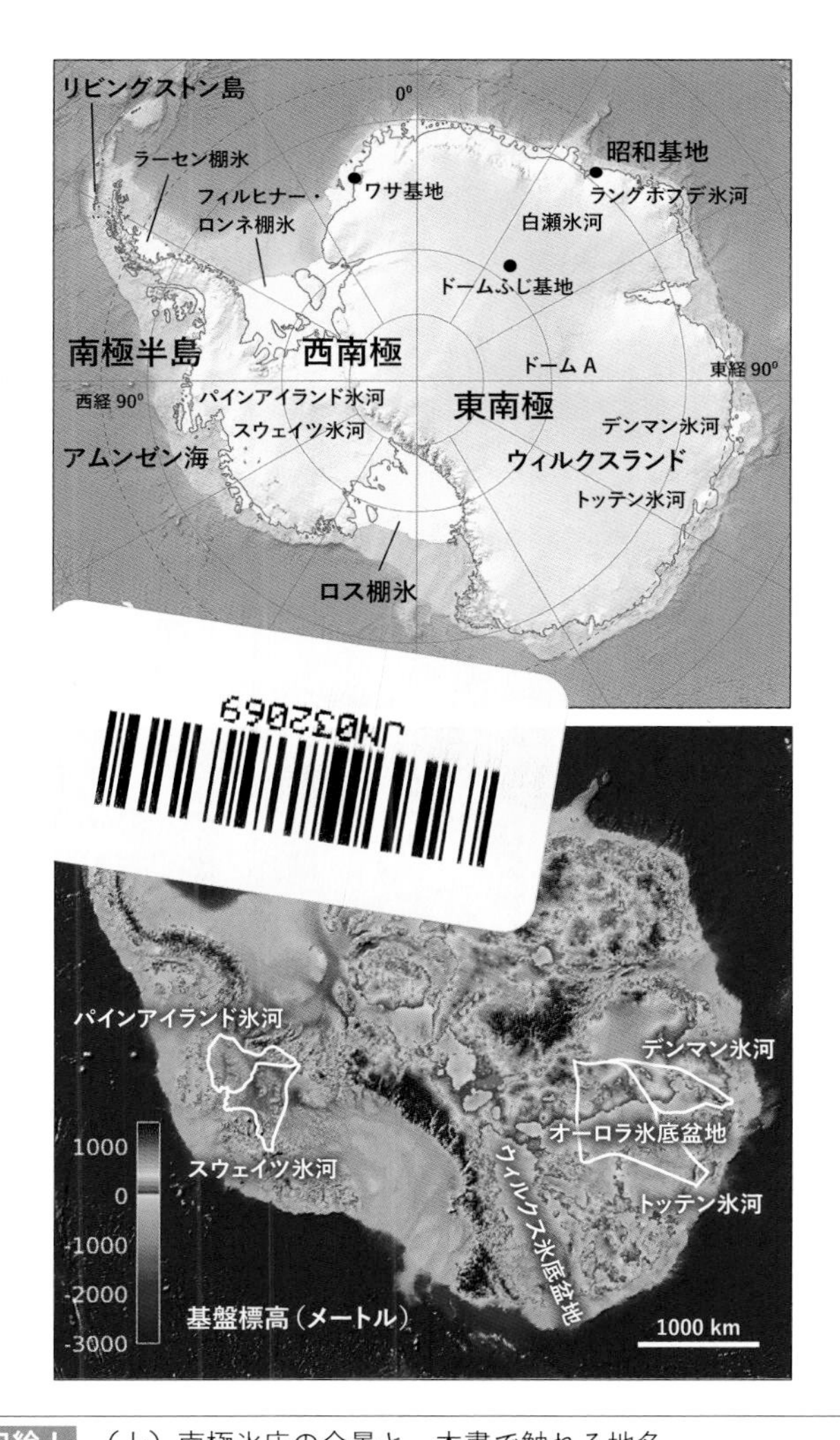

口絵 I　（上）南極氷床の全景と、本書で触れる地名
（下）氷床基盤および海底標高（Morlighem et al., 2020）
白線は各氷河の流域を示す

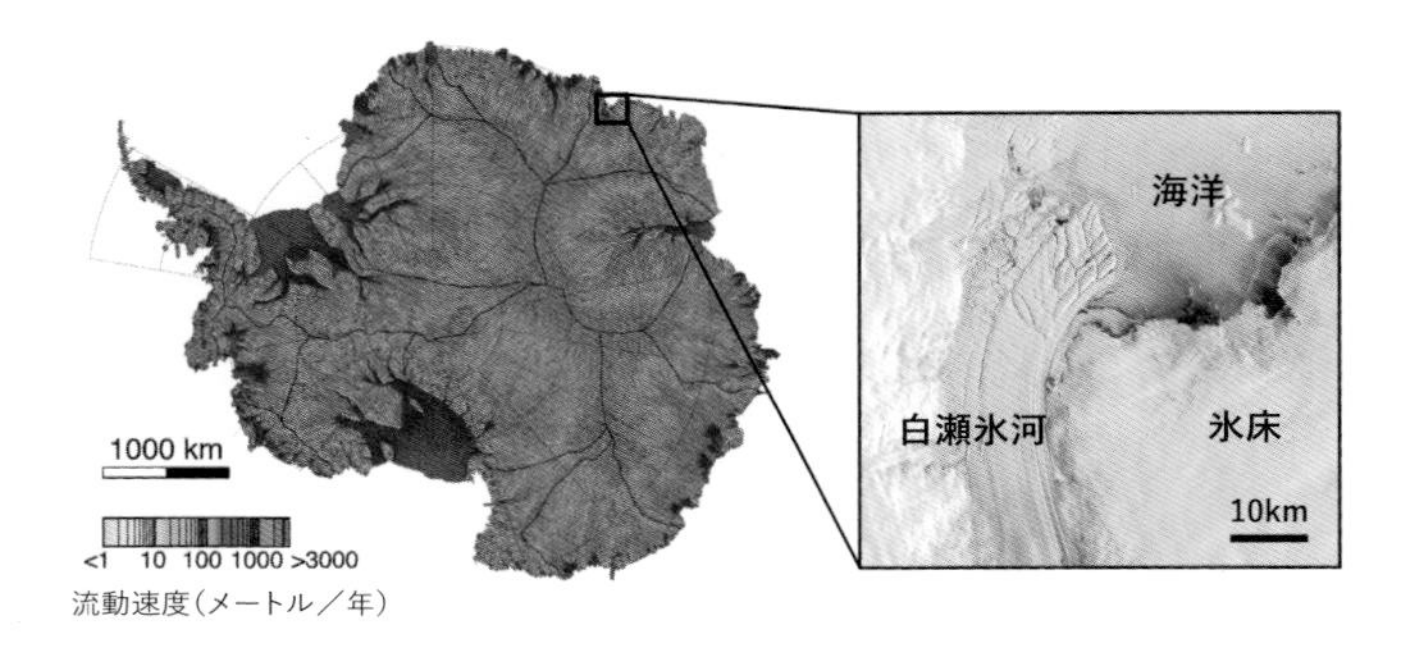

口絵Ⅱ　（左）氷床の流動速度分布（Mouginot et al., 2019）
（右）海洋へ流出する白瀬氷河

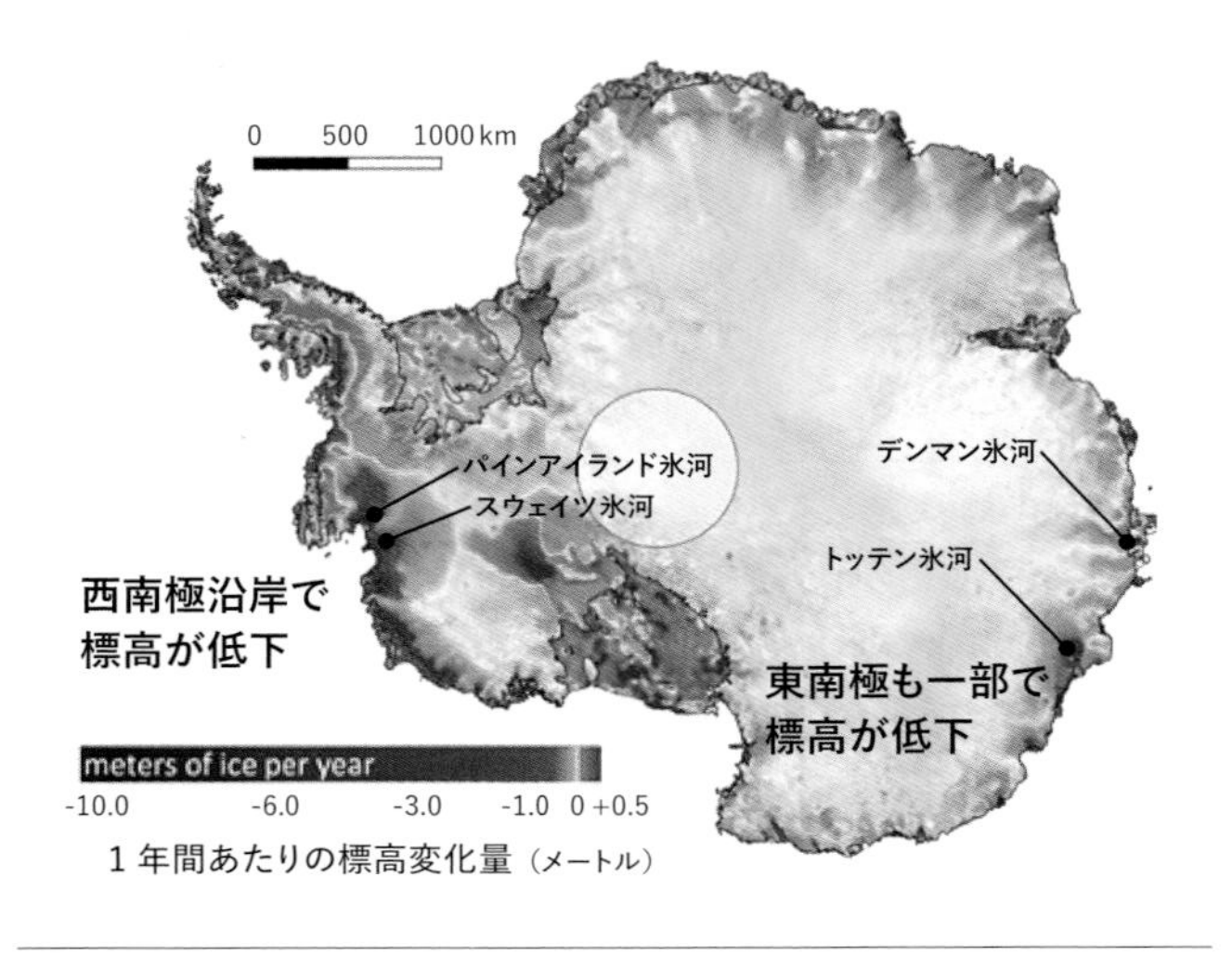

口絵Ⅲ　2007 ～ 2019 年における氷床表面の標高変化（Smith et al., 2020）

口絵IV　南極半島のリビングストン島。
（上左）フアン・カルロス１世基地と、（上右）その背後にそびえる山々。（中）基地の周辺にはアザラシやペンギンなどの動物も多い。（下）観測を行ったジョンソンズ氷河

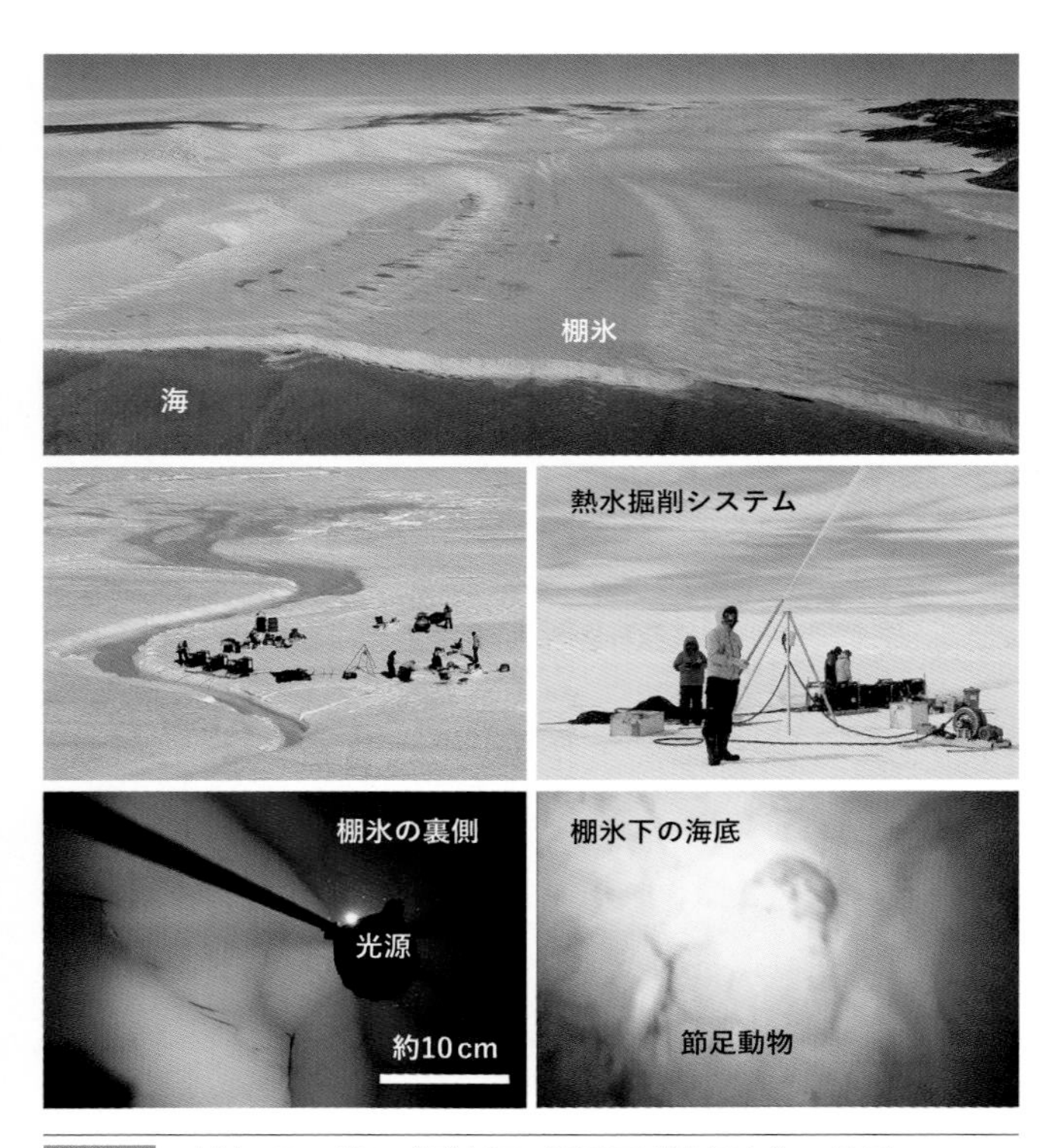

口絵V　（上）ラングホブデ氷河。画面下が氷河と海の境界
（中）熱水掘削の様子（中左図提供：土屋達郎氏）
（下左）掘削孔に下ろしたカメラで撮影した棚氷の裏側（Minowa et al., 2021）
（下右）海底の生物（Sugiyama et al., 2014）

中公新書 2672

杉山 慎著

南極の氷に何が起きているか

気候変動と氷床の科学

中央公論新社刊

はじめに

昭和基地まであと六〇キロメートル。日本からひと月以上の航海を続けた砕氷船「しらせ」が、ようやく南極に近づいている。海氷に囲まれて停泊する船の飛行甲板から、大きなヘリコプターに乗ってラングホブデ氷河を目指す。夏の短い観測シーズンをこの氷河で過ごす予定だ。一面凍りついた海の向こうに、いくつかの岩山と漂流の果てに座礁した氷山が並んで、南極大陸が近いことがわかる。その後方に広がっているのが氷床で、海から一段高くなった白い丘がおだやかに彼方まで続いている。

優しげにも見える氷床の印象は、ヘリコプターが大陸にさしかかると一変する。海に向かって押し寄せる氷が荒々しく崩壊した断面をさらし、海岸線ギリギリで崖となる（図0－1上）。その先では、流れの速い氷河が海に直接氷を吐き出している。滑走路のように海に伸びた氷河から、それぞれ数百メートル四方はありそうな氷山が切り離されていて（図0－1下）、まるで氷が大陸からあふれ出しているようだ――。

図 0-1　昭和基地近くの氷床沿岸部
（上）氷床の縁で崩れる氷の崖
（下）海へ氷山を流出する氷河

私は氷河と氷床を研究している。私のような研究者にとって、最も重要な仕事場のひとつが南極である。南極といえば、カチコチに凍りついた低温の世界が思い浮かぶだろう。実際、内陸部では冬の気温がマイナス七〇度に達し、比較的寒さが緩む沿岸部ですら、雪や氷が融けるのは夏のわずかなひとときだけだ。この極寒環境にある南極を特徴づけるのが、大陸を覆う「氷床」である。

南極氷床の面積は日本の約四〇倍、地球最大の氷のかたまりである。氷の厚さは平均二〇〇〇メートルで、場所によっては四〇〇〇メートルを超える。もし全てが融けて海に流れ込めば、地球の「海水準」(陸地に対する海水面の高さ) は約六〇メートル上昇する。

この巨大な南極氷床が、これまで考えられていたよりも、はるかに急激な変化を遂げていることが明らかになってきた。数万年の時間スケールで氷床が大きく変化することは以前から知られていたが、現代に暮らす私たちが影響を受ける数十年スケールでの振る舞いがわかってきたのは、つい最近のことである。

少しぐらい温暖化が進んだところで、極寒の南極にある氷床が急激に融け始めることなどあり得ない――。ちょっと前まで、多くの研究者がそう信じていた。むしろ、温暖化で雪がたくさん降るようになって南極の氷が増える、そんな話を耳にした方もいるだろう。現に、二〇〇一年に出版された国連の気候変動に関する政府間パネル (ＩＰＣＣ) の第三次評価報告書では、今後の気温上昇にともなって降雪量が増え、氷が増加して海水準の上昇を抑える可能性が記されている。しかし、それから二〇年後、二〇二一年に公開されたＩＰＣＣ第六次評価報告書では、南極で失われる氷が主要因となって、二一世紀末までに海水準が二メートル近く上昇する可能性も否定できない、という予測に改められた。

これまでの研究が何か間違っていたのだろうか？　そうではない。二一世紀に入ってから南極を観測する技術が飛躍的に向上して、それまでわからないことが多かった氷床の研究に大きな進歩をもたらしたのである。実際この分野では、一〇年前の教科書は古くてとても使えない。

最大の異変は、氷と海の境界で起きている。海によって融かされる氷の量が増加し、海へと切り離される氷山の量が増えた結果、南極の氷が急速に減少していることが明らかになった。その背景には、気候変動に影響を受けた海の変化がある。この大きな変化の実態をさらに解明するために、私たち研究者は南極の沿岸部で氷と海を調べているのだ。

巨大な氷床が融解すれば、その影響は地球全体におよぶ。融けた水が海に流れ込めば、海水準が上昇するだけでなく、海水の塩分と密度が変化して海洋の循環が滞る。地球全体に熱を輸送する海洋循環が滞れば、気候と環境へのインパクトははかりしれない。もちろん、私たちの社会もその影響から逃れられない。

本書では、「南極氷床とは何か」の説明からスタートして、「なぜ氷床が変動するのか」「どうやって氷床の変化を調べるのか」「南極の氷が融けるとどうなるか」、そして「今、氷床に何が起きていて、この先どうなるのか」といった問いに対する、最新の知見を伝えたい。私たちが南極で行っている観測現場の様子も含めて、現在進行形のサイエンスを楽しんでほしい。

さあ、それでは「氷河と氷床」から始めよう。

南極の氷に何が起きているか――気候変動と氷床の科学

目次

第二章 南極の氷の変化をどう知るか

ＩＰＣＣ報告書から最新の観測手法まで……35

第四章

南極の異変は私たちに何をもたらすか

第五章　気候変動と地球の未来
一〇〇年後の氷床変動シミュレーション……139

終章

そして、私たちは何をすべきか

南極の氷に何が起きているか

気候変動と氷床の科学

第一章

「地球最大の氷」の実像

南極氷床の基礎知識

1 氷河と氷床

なぜ「巨大な氷のかたまり」ができるのか

南極はなぜ厚い氷に覆われているのか――？　このシンプルな質問に、正しく答えられる人は少ない。寒いから？　たくさん雪が降るから？　それらは重要だが、十分な説明ではない。南極に氷床が成長した最大の理由は、降って溜まる雪の量が、融けてなくなる量よりも多かったからである。

そういわれても、正直そのような状況は想像しづらいだろう。私は雪国である北海道の札幌に住んでいるが、冬にはイヤというほど降り積もった雪も、春になれば徐々に融けて消え去る。やがて夏と秋が過ぎた次の冬に、初雪を迎えるのが当たり前の光景である。

しかし、雪が消える前に次の初雪が降ったらどうなるか。わずかではあっても、前年から残った雪を新雪が覆い、翌年は二年分の残雪の上にまた新雪が積もる。これが繰り返されれば、見慣れた地面や植物には二度とお目にかかれない。毎年の残雪がどんどん積み重なって、やがて雪が氷になる。氷が十分に厚くなれば、自らの重みでゆっくりと流れ出す。これがいわゆる「氷河」である。南極氷床は、このような氷河の一種である。

夏に融けるよりも多くの雪が降る場所で、氷河は成長する。世界を見渡せばそのような地域は意外と多く、南極の他にも、北極のグリーンランド、スヴァールバル諸島、アラスカ、カナダなどにたくさんの氷河がある。中低緯度では、ヨーロッパアルプスやヒマラヤの山岳地域、南半球の南米パタゴニアやアフリカの高山など、さまざまな地域に氷河が分布している。

これらの氷河が陸地全体の一〇パーセントを覆っていると聞けば、地球にとって重要な存在だと理解してもらえるだろう。ちなみに日本の山岳地域でも、一年中雪と氷で覆われた「雪渓」と呼ばれる場所がある。最近になって、それらのうち規模の大きなものが氷河と認識されるようになった。

雪から氷へ

降って積もるのはあくまでも「雪」である。この雪がどのように「氷」となって氷河が生まれるのか。

雪も氷も「水」が凍ったもの、すなわち固体の水であることに変わりはない。つまり、雪と氷はその構造が異なるだけで、全く同じ物質である。ふわふわの雪が圧縮されて、みっちり詰まって密度が高くなれば氷となる。雪と氷を区別するひとつの指標は、空気を通すかどうかである。雪には通気性があり、雪粒のあいだを空気が通り抜ける。密度が上がればこの隙間が小さくなり、やがて空気が泡となって氷に閉じ込められると通気性がなくなる。炊いた糯米（もちごめ）がこねられて、餅になるようなものである。

雪が厚く積もれば、やがて雪自身の重さで圧縮されて氷となる。この変化には十分な重さと時間が必要で、その場所の積雪量や気温などの影響によって、雪が氷となる時間とその深さはまちまちである。たとえば南極の内陸では、比較的降雪が少なくて非常に気温が低いので、雪の圧縮にとても長い時間がかかる。数百年から数千年の時間をかけて、数十〜百メートル程度の深さで雪から氷への変化が起きる。

このような時間と空間のスケールを知っておくことは重要だ。氷河の変動を知るには、ある程度長い時間をかけて観察する必要がある。ある一日の食事だけで、その人の体重変化や栄養状態が把握できないのと同じである。

ただ、ここまで読んだ人は、次のような疑問がわかないだろうか。たとえわずかでも毎年雪の蓄積が繰り返されれば、無限の高さに成長したりはしないのだろうか、と。この疑問に答える鍵となるのが、氷河が「流れる」という性質である。

氷河の「流動」

普段見慣れた冷凍庫の氷は硬くて、とても流れるようには見えない。しかしながら、氷は粘度の高いハチミツのような性質を持っていて、十分大きな力と長い時間をかければゆっくりと流れる。もし冷蔵庫に硬くなったハチミツの瓶があれば、これを横倒しにしてみてほしい。すぐには何も起こらないが、翌日には瓶の中でも低いほうへハチミツが寄っているだろう。

氷河の氷も一年経てば、たとえば数十メートル、流れの速い氷河では数キロメートルの距離を移動する。すなわち十分に厚くなった氷はゆっくりと斜面に沿って流れて、標高の低い地域へと広がる。この流れが「氷河」と呼ばれる理由であり、その変動に大きな役割を担っている。

氷が流れていった先は標高が低いので、徐々に降雪が減る一方で気温は高くなる。その結果、氷河の下流側では、冬に降るよりも夏に融ける雪が多くなる。つまり、降った雪がその年のうちに消え去って、その下の氷まで融けて失われる。氷河の上とはいえ、雪が溜まっていくばかりでなく、毎年氷が融けて減っていく場所もある。それらもひっくるめて「氷河」なのだ。

雪の堆積、氷の流動、融けてなくなる雪と氷。以上が氷河を理解するための大切なキーワードである。ここまでの話を整理する形で、氷河についてもう少し詳しく見ていこう。

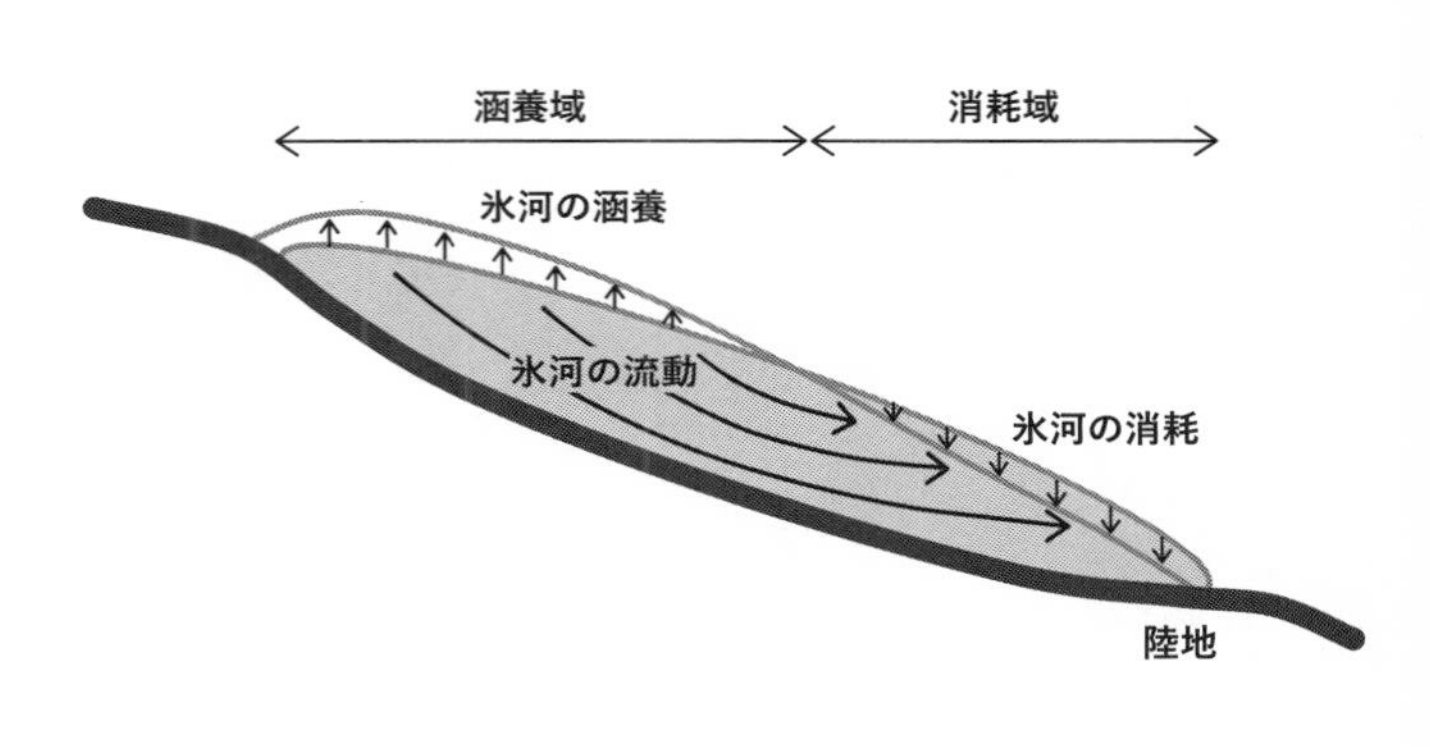

図 1-1　氷河の涵養、消耗、流動

涵養と消耗

標高が高い地域で溜まっていく雪は徐々に圧縮されて氷へと変化する。このように氷が形成される地域は、氷河の「涵養域（かんよういき）」と呼ばれる（図1-1）。

十分な厚さを持った氷は低い標高へゆっくりと流れ、氷が失われる「消耗域」まで何十年もかけて移動する。涵養域に溜まる雪の量と、消耗域で失われる氷の量がバランスしていれば、氷河の大きさは変化しない。言い換えれば、涵養域で溜まりすぎた氷が消耗域に「流動」し、失われることで、氷河は気候に合わせた大きさを保っているのである。

一年間に涵養域に溜まる雪の量（涵養量）から、消耗域で失われる氷の量（消耗量）を引いた量を「質量収支」と呼ぶ。これは、氷河の大きさの変化そのものである。式で表すと次のようになる。

質量収支＝涵養量－消耗量

たとえば雪が多くて気温が低い年には、涵養量が大きく消耗量は小さいので質量収支はプラス、すなわち氷河は大きくなる。

気候を特徴づける降雪と気温が、それぞれ「雪が溜まって氷が成長する」「氷が融けてなくなる」というふたつのプロセスをコントロールして氷河の質量収支が決まる。氷河の変動が、気候変動の指標として注目されるのはそのためである。「涵養」と「消耗」という言葉は、氷河の変動を考える上で非常に重要で、以下度々登場するので覚えておいてほしい。

氷河とは何か

しかしながら、それだけで氷河が成り立っているわけではない。前述の通り、涵養と消耗に加えて氷の「流動」が氷河を特徴づけている。氷が流れる性質を持たなければ、氷河に涵養域と消耗域の概念はなく、極域と山岳地域の様子は今とまったく異なっていたはずだ。

氷の流動は、氷河を定義づける上でも重要な役割を果たしている。あらためて「氷河」を定義してみよう。「氷河とは何か」と問われれば、その必要条件は三つある。

ひとつ目は雪からできた氷であること。湖や川に張った氷や、滝が凍ってできる氷瀑は氷河ではない。主に雪の圧縮によって成長した氷が氷河なのである。

ふたつ目に、陸上に形成された氷であること。海を漂う氷山は氷河から切り離された氷であるが、海に流出した時点で氷河とは呼ばれなくなる。冬の北海道の風物詩である流氷は、海水が凍って海に浮いているもので、氷河ではなく「海氷」の一種である。ちなみに北極は南極と大きく地形が異なり、大陸が海を取り囲んでいる。北極海と呼ばれるこの海を覆う氷も海氷であり、南極を覆う氷とはまったく別物だ。

三つ目の条件が氷の流動である。この条件は氷の大きさと関係がある。皿に盛ったハチミツを想像してもらいたい。耳かき一杯の量ではほとんど動かないが、ハチミツの量が多いほど、また厚くなるほど、よく流れて平らに広がるだろう。氷河と呼ばれるためには、氷自身の重さで流れが生じるほど十分な厚さが必要である。

最近になって富山と長野で見いだされた氷河では、この三つ目の条件が詳しく検討された。北アルプスの谷を埋めた雪が雪渓として夏を越すことは知られており、その一部が氷となっていることも報告されていた。電波を使った測定では氷の厚さは三〇メートルに達しており、十分流動が生じる規模である。その流動をGNSS（全球測位衛星システム）と呼ばれる測量装置で精密に測定した結果、年間数メートルの速度が得られた。

近年、最新の測量技術を用いた現地観測や、人工衛星データの解析によって、氷の動きが正確に捉えられるようになった。これらの技術的進歩の結果、氷河とその変動の理解が大きく進んでいる。

氷床とは何か

陸上に蓄積された雪が氷となって、ゆっくりと流れるものが氷河である。その一方で、南極大陸を覆う氷は南極氷床と呼ばれる。「氷床」は、氷河とは何が違うのか。

説明の前に、宇宙から地球を眺めた写真を見てもらいたい（図1-2）。際立って白く広がる南極大陸と北極のグリーンランドが目に入るはずだ。これらふたつの陸地は、大陸規模で氷に覆われており、その他数多くの氷河と比較しても桁違いに大きい。また氷の形も、谷を河のように流れる「氷河」というより、むしろ陸地を覆う床のように見える。そのため、南極とグリーンランドの氷河は別格扱いとして「氷床」と呼ばれるようになった。

すなわち、「氷床とは何か」と問われれば、その答えは「氷河のうち規模の大きなもので、現在の地球では南極とグリーンランドに存在する」となる（一応、面積が五万平方キロメートル以上、という目安がある）。

その昔、二万年ほど前には、北米大陸を覆うローレンタイド氷床と、北欧を中心に広がるスカンジナビア氷床が存在したが（図1-3）、今はきれいさっぱり融けてなくなってしまった。数万平方キロメートルのスケールで広がる氷床が、一万年程度の時間スケールで消失してしま

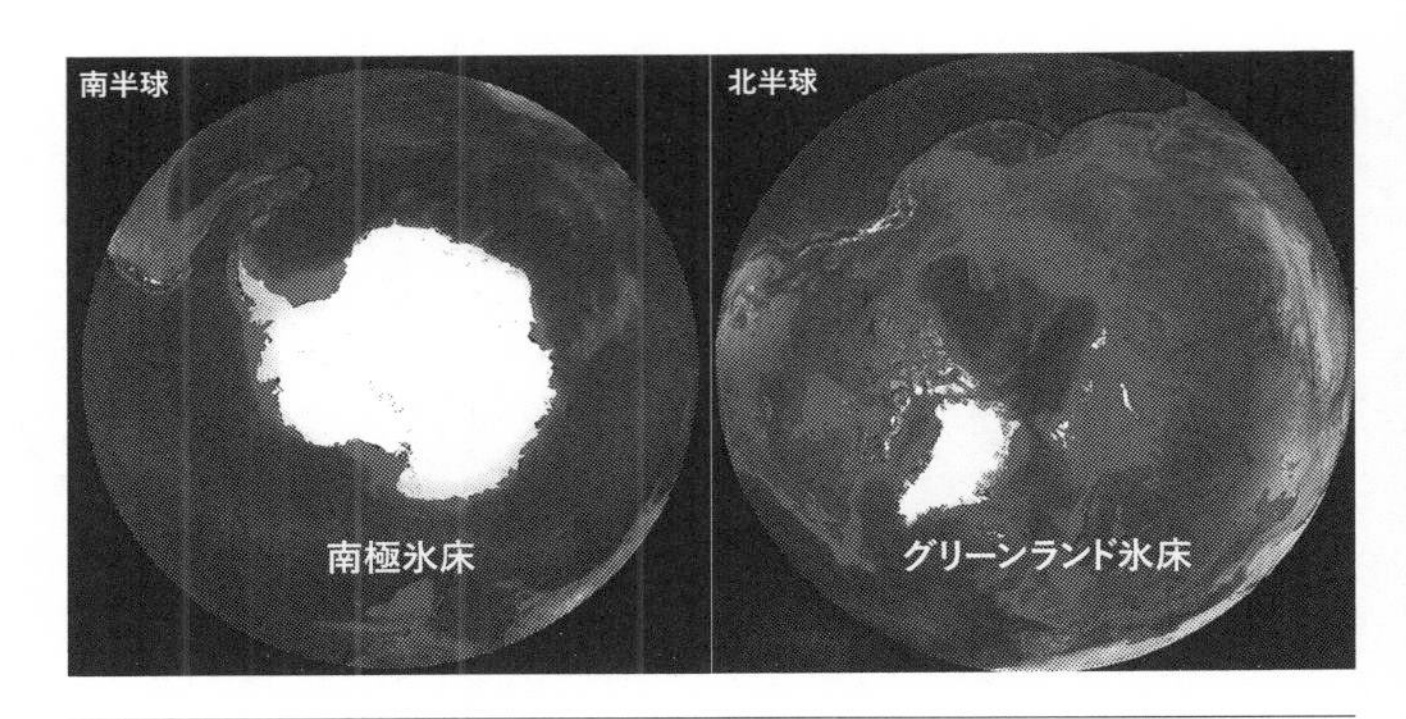

図 1-2 南極氷床とグリーンランド氷床

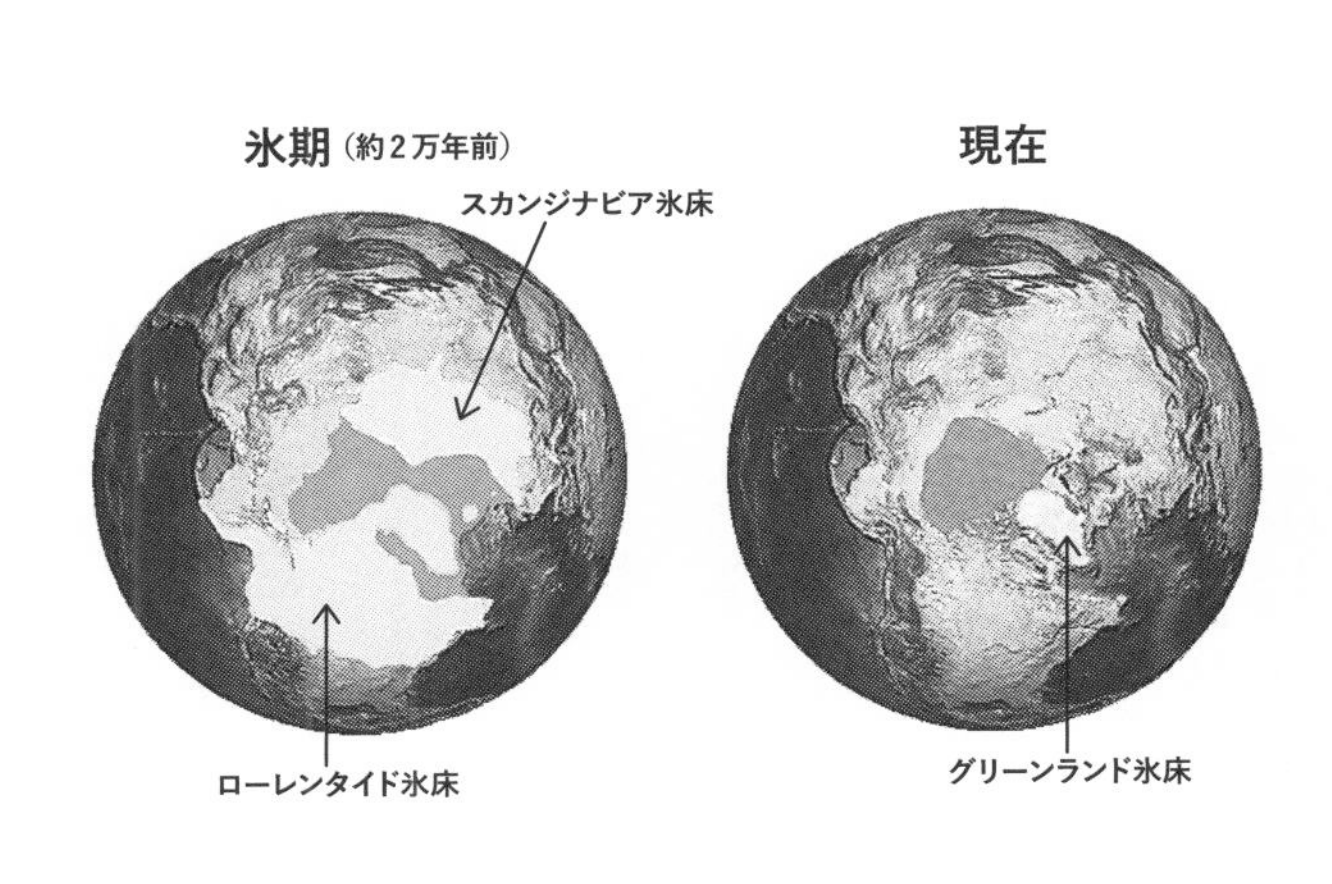

図 1-3 氷期と現在の北半球。約２万年前には、北米大陸がローレンタイド氷床に、北ユーラシアがスカンジナビア氷床に覆われていた（NOAA）

った事実は、南極氷床を理解する上でも重要である。

山岳、渓谷、丘陵といった陸上の地形は、地殻の隆起、岩盤の浸食、土砂の堆積といった作用によってゆっくりと形を変えるものである。これらの地形と比較して、氷河・氷床はずっと短い時間スケールでダイナミックに変動する性質を持っている。急速に大陸を覆うほどに成長することもあれば、あっという間に融けて小さくなることもある。つまり、南極を覆う巨大な氷床は、非常に変わりやすくて脆弱な地形なのだ。

2 南極氷床

地球最大の氷のかたまり

氷河を研究する私たちにとって、南極氷床は特別な存在である。なぜかといえば圧倒的に大きいからだ。面積は一四〇〇万平方キロメートル、日本国土の三七倍にあたり、北海道の札幌と沖縄の那覇を結んだ距離を半径として、ぐるっと円を描くとほぼ同じ面積になる。二番目に大きな氷河であるグリーンランド氷床と較べても、南極氷床は八倍以上の面積がありダントツに大きい。世界の大陸と比較すれば、南米大陸よりやや小さい（〇・七八倍）ものの、オーストラリア大陸よりもずっと大きい（一・八倍）。南極大陸の九八パーセントが氷床に覆われているので、「氷の大陸」という表現がぴったりだ。

南極氷床が大きいのは、その面積ばかりではない。氷の厚さは平均一九四〇メートル。概ね二キロメートルの厚さで、北海道の大雪山系、東京都最高峰である奥秩父の雲取山、といった山々の高さと同じくらいである。日本の四〇倍近い面積を覆う、山脈のように分厚い氷が想像できるだろうか。

北極海の海氷も南極氷床と同じくらいの面積に広がるが、その厚さは氷床とは大きく異なる。海氷の厚さはせいぜい数メートルで、一〇メートルを超えることはほとんどない。したがって、海氷の体積は氷床と比較して桁違いに小さい。

第四章で詳述する海水準への影響を考えるときに重要となるのが「体積」、すなわち氷の量である。南極氷床の体積は約二七〇〇万立方キロメートル。一辺が三〇〇キロメートル（おおよそ東京―仙台間に相当）のサイコロに相当するが、その大きさを思い浮かべることすら容易でない。東京ドームは小さすぎて比較の役に立たず、強いていえば琵琶湖の貯水量で一〇〇万杯分、または日本海が湛える海水で二〇杯分である。

南極氷床の体積は、地球に存在する氷河全体の約九割（八九・五パーセント）に相当する（図1-4右）。残りのほとんどはグリーンランド氷床が占めており（九・九パーセント）、その他の氷河は、全て足しても一パーセントに満たない。

氷床以外の氷河は「山岳氷河」と呼ばれる。アルプスやヒマラヤで氷河を見た人は、その大きさに圧倒されたはずだ。それらを全て合わせても南極氷床の百分の一だから、南極にある氷の量はすさまじい。ただし氷は小さいものの、氷床以外の氷河も重要だと強調しておきたい。山岳氷河は氷床と比較して温暖化の影響を受けやすく、近年急速に縮小して海水準上昇に大きな影響を与えている。また氷河による災害や、水資源、観光資源としての役割を考えると、人間社会にとっての重要性は高い。

ともあれ、氷の量を数字で比較すると、ふたつの氷床、特に南極氷床が抱える圧倒的な氷の量が理解できよう。その変動がもたらす影響の大きさも、容易に想像できるだろう。

南極にある氷の量はどのくらいか

南極氷床の変動を議論するためには、この巨大な氷量の変化を表す指標が必要である。氷の体積を使うのも悪くないが、氷が融けて水になると若干かさが減るので、氷床融解が海水準に与える影響を考える上では正確でない。

そこで、氷が融けて水になっても変化しない「質量」を指標として用いることが多い。体積に氷の密度（一立方メートルあたり約九〇〇キログラム）をかければ「質量」になる。一般的な質量の単位であるキログラムは氷床に対して小さすぎて都合が悪いので、本書では質量の単位として「ギガトン」(Gt：一〇億トン)を使う。一ギガトンは、一辺一キロメートルの立方体を満たす水の質量であり、氷の場合は水よりも密度が小さいので、約一〇パーセント大きな体積となる。

ちなみに、日本で消費される生活水は年間約一三ギガトン、国内最大の流量を持つ信濃川の年間流出量が一五ギガトン、日本全土の降水量が年間六四〇ギガトンである。対して、南極氷床が抱える氷は二四五〇万ギガトンで、まったくの桁違いといえる。日本人が生活に必要とする水を、約二〇〇万年間にわたって賄える計算である。

近年の気候変動の影響で、氷河・氷床の融解による海水準の上昇が取りざたされるようになり、氷の量にも新しい単位が使われるようになった。それが「海水準相当」、すなわち氷が融けて海に流れ込んだときに生じる海水面の変化量である。氷が融解してできた「融け水」の体積を、地球の海洋面積で割り算すれば求められる。

海洋の総面積さえわかればこの換算は容易で、南極氷床の氷総量は海水準相当で六八メートルとなる。ただし、次節で詳しく説明するが、氷床の一部は海水面より低い位置にあるため(図1-5)、融けても海水準に影響を与えない点に注意が必要だ。南極氷床が完全に融解したときに起きる海水準上昇は、氷の海水準相当量よりも一五パーセントほど小さく、五八・三メートル。つまり、南極の氷が全て融けて海に流れ込めば、世界中で海水面が五八・三メートル上昇するということだ。

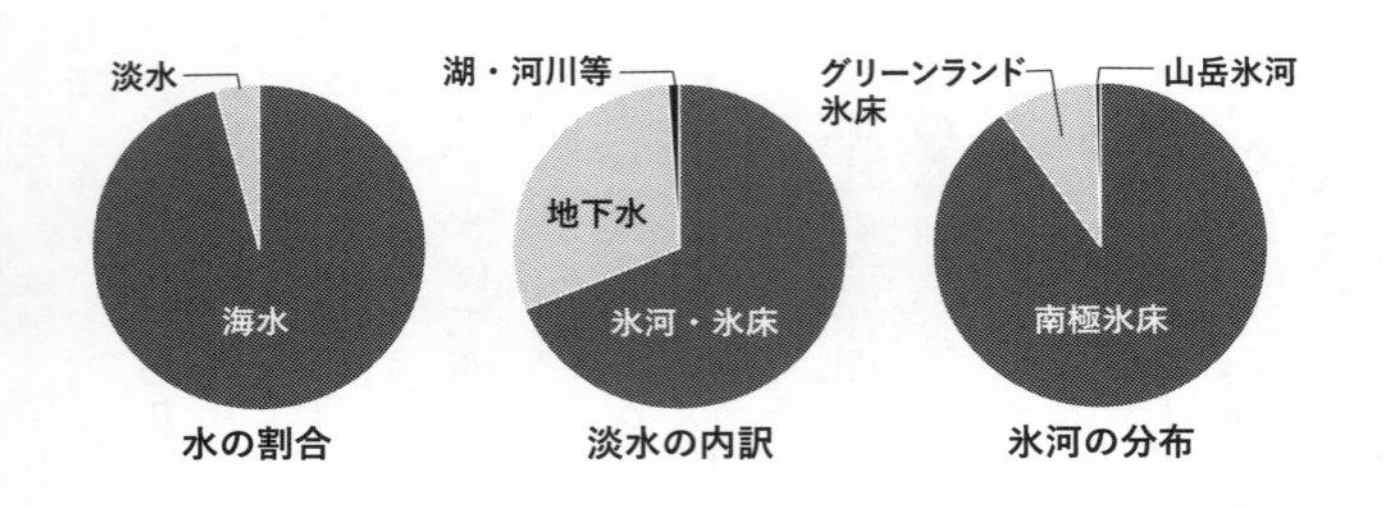

図1-4　地球上の水の割合、淡水の内訳、氷河の質量分布

淡水資源としての南極氷床

海水準への影響と並んで、南極氷床の重要性を示すもうひとつの観点は「淡水」である。

地球上に存在する水は、その九六・五パーセントは海洋を満たす塩水である（図1－4左）。残りの三・五パーセントに相当するのが淡水だ。では、その淡水は地球のどこにあるか。

淡水資源としてすぐに思い浮かぶのは、湖や河川だろう。しかしながら、沼や湿地なども含めて、私たちの身近にある淡水は全部合わせても総量の一パーセントに満たない。実は、地球に存在する淡水の約七〇パーセントが、氷として氷河・氷床に蓄えられているのである（図1－4中）。残りのほとんどは地下水だ。南極氷床は全氷河の九〇パーセントにあたるので、地球の淡水はその六割以上が氷床として南極に固定されていることになる。

3 氷はどのように南極を覆っているのか

南極氷床のかたち

ここまでの説明で、南極に大量の氷が存在することは十分にわかってもらえたと思う。それではこの途方もなく大きな氷は、どんな形をしているのだろうか？

まず南極の地図を見てみよう（口絵Ⅰ上）。南極点を中心にどちらを向いても北なので、地図は〇度の経線が上になるように描かれることが多い。まっすぐ進めば、ロンドンに行きつく方角である。

地図を上下に走る〇度と一八〇度の経線を大体の境として、右側（東経側）を「東南極」、左側（西経側）を「西南極」と呼ぶ。東南極の沿岸線は概ね整った半円を描く一方で、西南極は大きくえぐれた複雑な形をしている。地図の左上、西経六〇度にあたる方向は尻尾のように突き出た「南極半島」で、その先は幅一〇〇〇キロメートルほどのドレーク海峡を隔てて南米大陸がある。

氷床で最も標高が高いのは、ドームAと呼ばれる東南極の内陸地点で海抜四〇九〇メートル。富士山よりも少し高い。氷床の表面は内陸から沿岸に向けてなだらかに傾斜しており、徐々に急勾配となって海に至る（図1-5上・中）。氷床上に立ったときに傾斜を感じることはほとんどない。あたかもフライパンに流し込んで広がったパンケーキの生地のように、氷はのっぺりと大陸を覆っているのだ。

平坦な表面と比較して、氷の下にある大陸基盤は凹凸が激しい（図1-5中）。特に注意したいのは、基盤の標高が海水面より低くなっている点だ（口絵I下）。すなわち、氷がなければ海面下で見えない地形の上に、海水を押しのけて氷がのっているのである。氷床全面積の約四〇パーセントにあたる地域で基盤が海面下にあることがわかっており、特に西南極にそのような場所が広がっている。これまでに測定された最も低い基盤標高はマイナス二八七〇メートル。つまり、氷の底面が海水面より三キロメートル近く下にあることになる。

南極から完全に氷を取り除いてしまえば、そこに残る陸地の姿は私たちが見慣れている南極とは全く異なる。西南極や南極半島では、多数の島が顔を出して、南極群島とでも呼びたくなる（図1-5下）。海水面よりも下にある氷は、前述の通り融けても海水面には影響しない。氷があったスペースを埋めるだけである。また海水に深く浸かった氷は、氷床が海に溺れるかのように崩壊する「不安定性」の原因と考えられている。この点は、第五章で重要なポイントとして詳しく述べる。

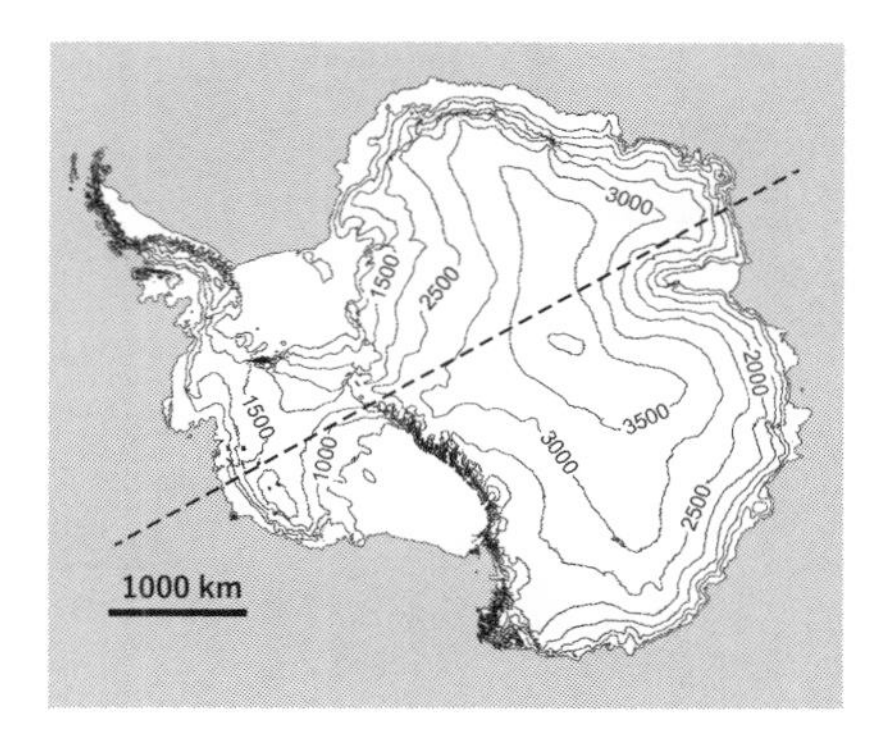

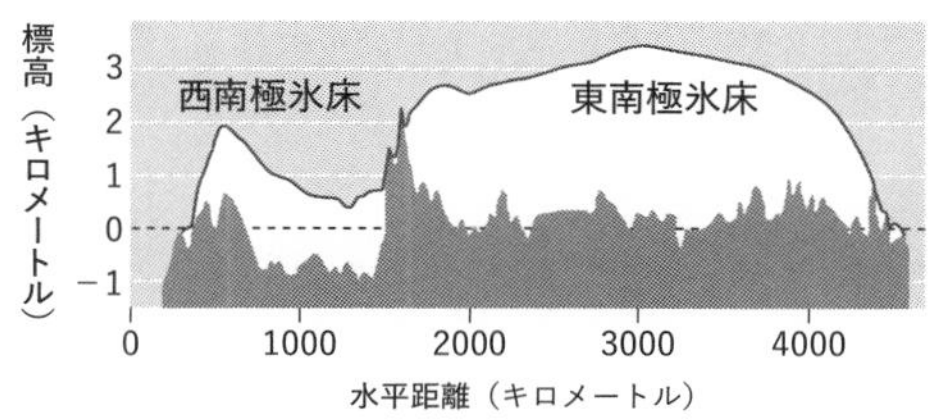

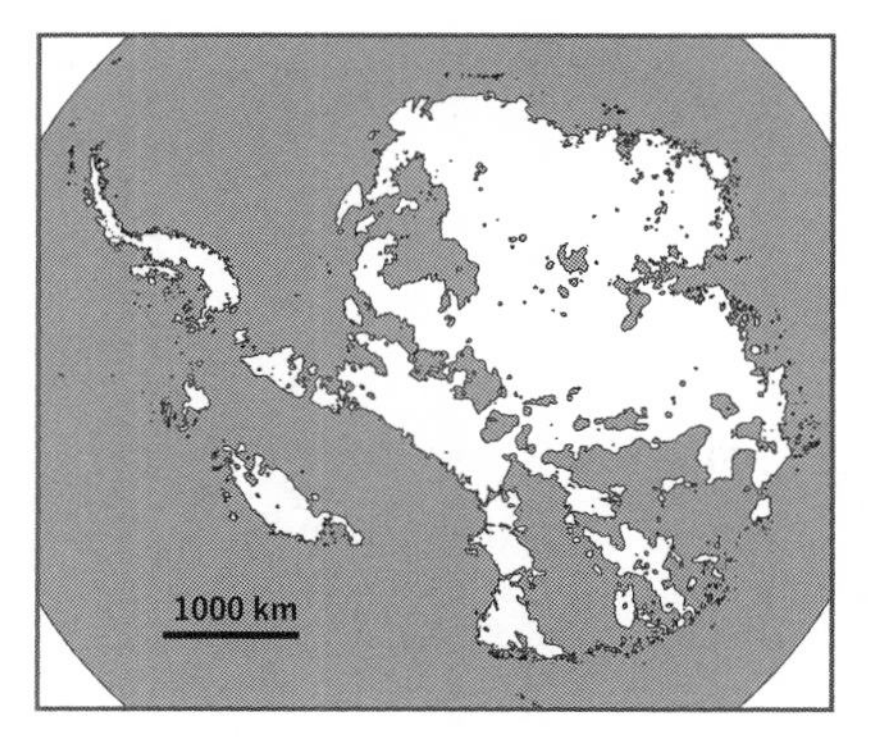

図 1-5　（上）南極氷床の表面標高（メートル）、（中）点線に沿った断面地形、（下）氷を除いた場合の大陸地形

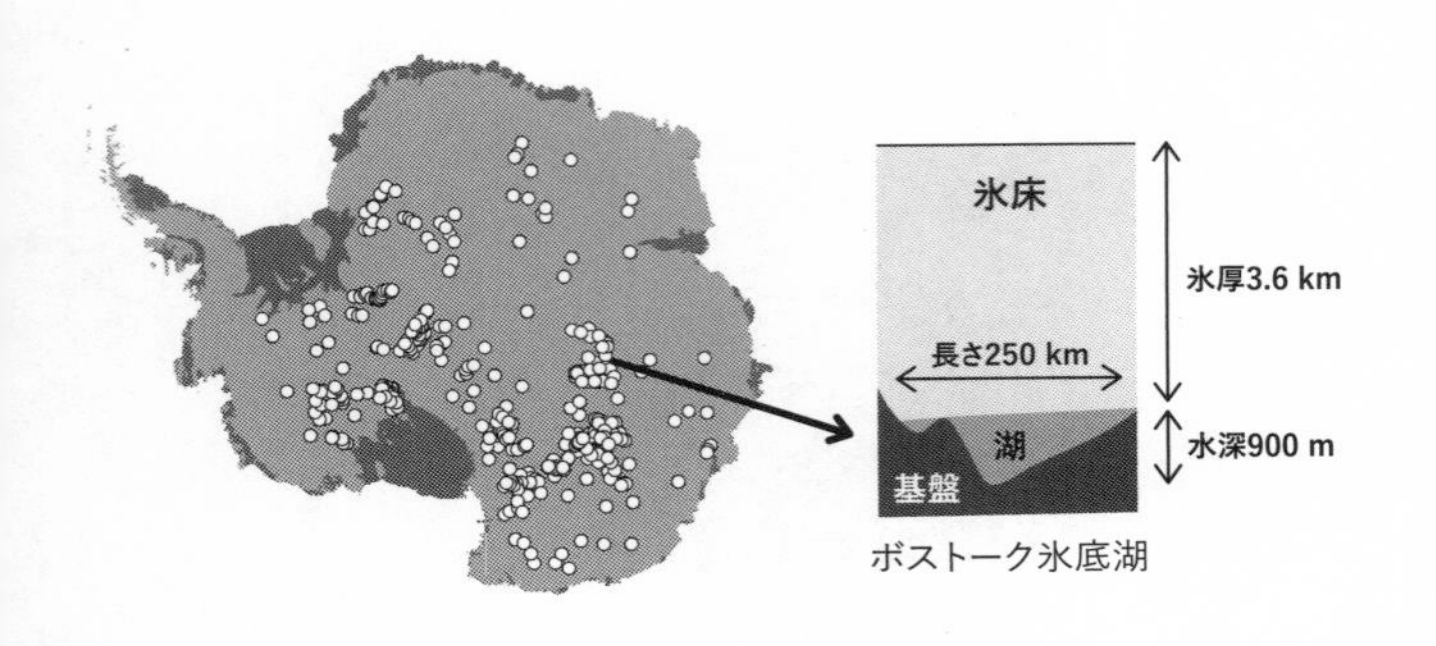

図1-6　（左）約400個を数える氷底湖の分布、（右）南極最大のボストーク氷底湖

氷の底が融けている?

大陸基盤と氷の境、つまり氷床の底面はどんな環境だろうか。

底面で氷が融けていれば、氷が滑りやすくなるため流動が大きくなる。極寒の地である南極で、「氷が融けていれば」と言われても腑に落ちないかもしれない。氷床の底は大陸に凍りついていると想像するだろう。

事実、氷床の表面近くの氷の温度はその場の平均気温と等しくなるため、ほとんどの地域でマイナスの値となる。しかしながら、厳しく冷え込む氷床表面に対して、その底面は大陸基盤からの地熱で温められている。そのため深くなればなるほど氷は温かくなり、氷床の底面では融けてしまっている場所もある。実はそのような地域は内陸にている場所もある。実はそのような地域は内陸に大きく広がっていて、氷床全体の半分くらいの面積を占めると推定されている。

底面が融けている場所では、氷と基盤のあいだに融け水が溜まって湖がつくられることもある。そのような「氷底湖」は南極各地に分布しており、これまでに約四〇〇個もの湖が確認されている（図1－6）。

最も大きいのが「ボストーク氷底湖」で、ロシアが氷コアを掘削する基地の真下にある。厚さ三六〇〇メートルの氷の下に広がる湖は、長さ約二五〇キロメートル、最大水深九〇〇メートルに達する（図1－6右）。氷底湖は外界から長く隔絶されており、光も空気も行き届かない冷たい世界である。地球上を見渡してもそんな場所は他にはなく、特殊な極限環境として注目を集めている。

氷底湖は水路でつながっており、湖から湖へと水が移動することも確認されている。また、湖の他にも無数の水路や水脈が存在し、その一部は海へ流出していると考えられている。このような氷床底面における融け水の動きは、氷床流動への影響、水や物質の貯蔵や移動に果たす役割の他、未知の生態系が存在する可能性も指摘されるなど、最新かつ重要な研究課題となっている。

棚氷とは何か

南極を上から見ているだけでは気がつかないが、氷床の周縁部は特別な形をしている。図1

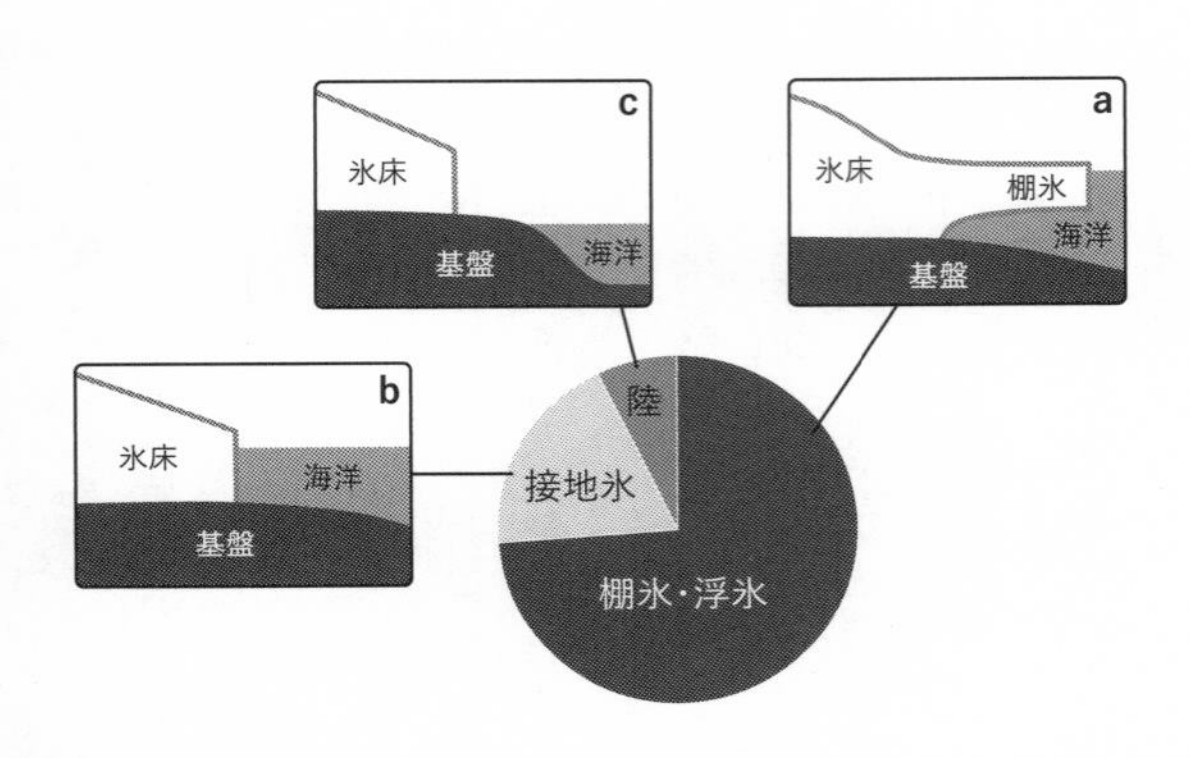

図1-7 南極氷床沿岸部の形態。75%で棚氷が形成され、90%以上で氷が海に流入している。

-7を見てほしい。氷床の沿岸はほとんどの地域で氷が海に流れ込んでいる。実はその氷の大部分が、氷床本体とつながったまま海に浮いているのだ。

棚のように海に張り出した形状から、これを「棚氷」と呼び、陸の上に乗った（接地した）氷と棚氷の境界を「接地線」と呼ぶ（図1-8）。棚氷は南極氷床全面積の一二パーセントを占め、その底面が広く海洋と接している。ちなみに棚氷の体積が氷床全体に占める割合は二パーセント以下と比較的小さく、これは内陸と比べて氷が薄いためである（平均厚さ二三〇メートル）。また、棚氷はすでに海に浮かんでいるので、融けても海水準には影響しない。

南極の沿岸をぐるっと回れば、その海岸線の四分の三が棚氷である。また残りのほとんどの地域でも氷が海まで流入しており、陸地が顔を出した部分は、海岸線全体のわずか七パーセントである。つまり氷床周縁の九〇パーセント以上が海に浸かっており、その多くの部分で棚氷が張り出して氷の底面と海水が接している。この氷と海との境界を通じて、南極氷床と海洋はお互いに強く影響を与え合っているのである。

4 南極氷床の変化をつかさどるプロセス

意外と雪はあまり降らない南極

全ての氷河がそうであるように、南極氷床も氷の涵養と消耗のバランスで成り立っている。静かに凍りついているのではなく、常に中身を入れ替えながら存在するダイナミックな氷のかたまりである。降雪によって涵養した雪が氷に変化し、流動によって場所を移動して消耗する。南極におけるこれらのプロセスを詳しく見てみよう。

そもそも南極にはどのくらいの雪が降るのだろうか。映画やドラマで見るような激しい吹雪で、大量の雪が積もるイメージがあるかもしれない。しかしながら、実は南極氷床に降る雪はかなり少ないのである。むしろ、地球上ではとても降水量が少ないエリアといってよい。

南極全体の平均として、一年間に降る雪の量は水に換算して約一八〇ミリメートル。日本の平均降水量（約一七〇〇ミリメートル）と比較すると、たったの一〇分の一である。一般的に、年間降水量が二五〇ミリメートル以下の地域は「砂漠」と呼ばれる。南極は砂漠なみのカラカラに乾ききった場所なのである。特に氷床内陸の広い範囲にわたって、年間降水量が五〇ミリメートル以下しかない。私が住む札幌では、そのくらいの雪であれば一晩で積もることもある。

極寒の南極で、なぜ大雪が降らないのか。その理由は、低温の空気中に含まれる水分が少ないからである。水が冷たいと砂糖を溶かしづらいように、たとえばマイナス一〇度の空気が含むことのできる水蒸気の量は、プラス二〇度の空気と比較すればその一〇分の一にすぎない。しかも南極は安定した高気圧に覆われていることが多く、湿った空気が内陸に侵入するのをブロックしている。たまに条件が揃えば、海上に発生した低気圧が沿岸から大陸上空に入り込んで雪を降らせるが、海から離れた内陸ではそのような機会も少ない。

雪が少ない一方、極地では大気中に細かい氷が霧のように析出して、地表面に降ってくることがある。いわゆるダイヤモンドダストである。南極内陸では、晴れた日にもダイヤモンドダストが舞っていることが多く、重要な降水プロセスとなっている。つまり南極氷床は、ごくたまにやってくる低気圧がもたらすまとまった降雪と、少量ながら頻繁に降ってくるダイヤモンドダストによって「涵養」されているのである。

夏にどれくらい融けるのか

雪が少ないとはいえ、長時間にわたれば莫大な氷が蓄積される。その氷は南極のどこで「消耗」しているのだろう？ 通常の氷河であれば、大気と接する雪と氷が融ける「表面融解」が主要な消耗プロセスである。しかしながら、気温の低い南極でどのくらい融解が起きるのだろうか。

そもそも南極はどれほど寒いのかといえば、冬の気温は氷床の内陸でマイナス六〇度以下。沿岸に向かって気温は上昇するものの、冬の平均気温が〇度より高くなる地域は南極からずっと離れた海の上である。

内陸は夏になってもマイナス三〇度まで冷え込んでおり、まず雪が融けることはない。しかし、沿岸では夏になると気温が〇度に近づき、暖かい日にはプラスの気温が記録される。雪と氷の融解は気温だけでは決まらないが、気温〇度は融けるかどうかの目安になる。南極沿岸部では、真夏にわずかに融解が起きると理解してもらえばよい。

低緯度まで突き出して、海に囲まれている南極半島では、一年のうち比較的長い期間で雪と氷が融けることが知られている。しかしながら、この融解量は雪が積もる量に対して非常に小さく、氷床全体で見れば、融解は積雪のせいぜい三パーセントにすぎない。また融け水の多くは雪にしみ込んで再び凍りついてしまうため、ほとんど氷床から流れ出ることはない。つまり氷床の質量収支を考える上で、融解による消耗はほとんど影響がないのである。

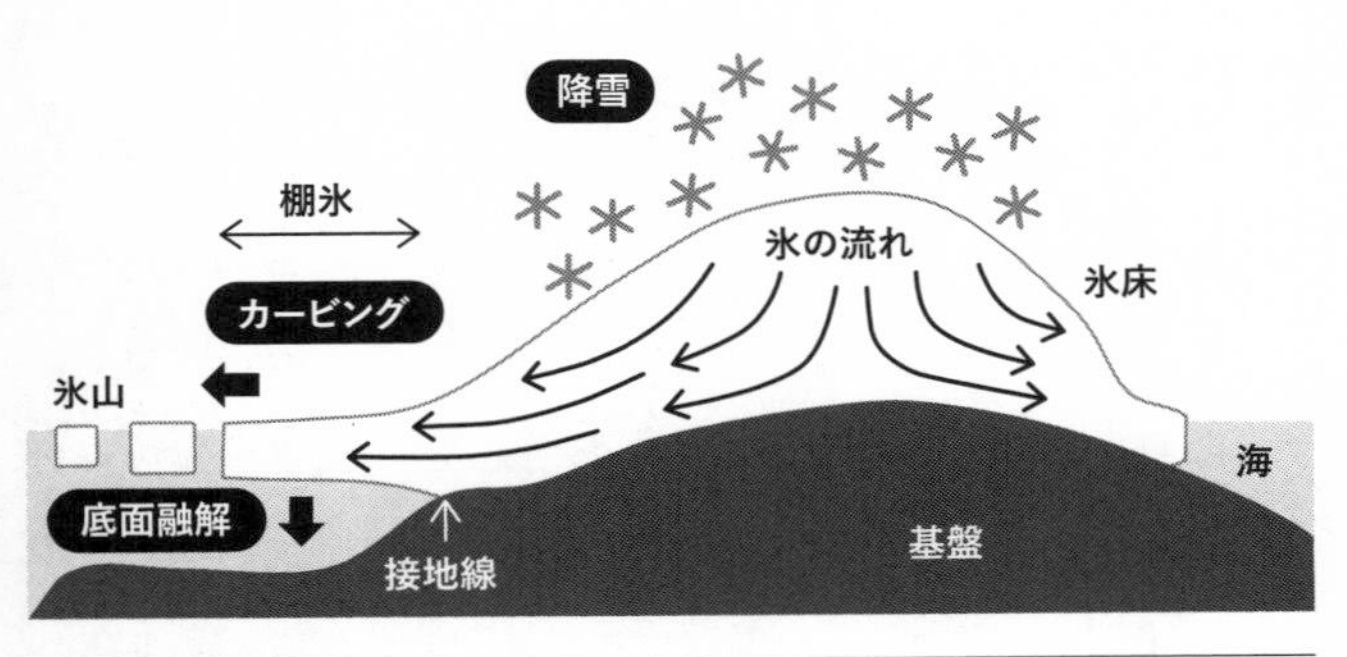

図1-8　南極氷床の変動に関わる主要プロセス

カービングと底面融解

それでは、南極氷床ではどうやって氷が失われるのか。答えはふたつあって、そのどちらも棚氷で起きる現象である。まずは図1-8を見てほしい。

ほとんど融けることなく海まで張り出した氷は、棚氷の先端から氷山を切り離す。この現象は「カービング」または「氷山分離」と呼ばれており、氷床から氷を取り除く重要な消耗現象である（ちなみにカービングとは、元来「牛の出産」という意味）。

南極氷床におけるカービングの重要性は早くから知られていたが、その理由は、空からも海からも「よく見える」からに他ならない。南極に海から近づけば、必ず大きな氷山を目にすることになる。また人工衛星画像を使って氷床沿岸を観察すれば、あらゆる場所で巨大な氷が切り離されている様子が一目瞭然である。三〇年ほど前までは、南極氷床の消耗はほとんどカービングで起きているといわれていた。棚氷は数百メートルの厚さがある。大規模なカービングが起きれば大量の氷が失われることになり、氷床にとって効率のいい消耗プロセスであることには違いない。

もうひとつの答えは、棚氷の「底面融解」である。前項で触れた「表面融解」とは全く別物なので注意してほしい。棚氷の裏側は広く海水と接している。氷床の表面と接する大気がマイナス数十度まで冷え込んでいる一方で、海水は液体なのでそれほど冷たくなることはない。海水の凍結温度（約マイナス一・八度）よりも水温が高ければ、十分に氷を融かすエネルギーを持っている。

マイナスの温度でも氷が融けるのは想像しづらいかもしれないが、雪国では大切な話である。冬の北海道では、道路に塩（のようなもの）を撒いて凍結を防いでいる。〇度よりも低い温度でも、塩が入れば水は凍らないし、氷は融けてしまうのである。

海へと向かう氷の流れ

涵養と消耗に加えて、氷河・氷床の変動を左右する重要なプロセスが氷の流動である。特に南極氷床の場合は、氷の消耗が沿岸部でしか起きないので、海へと向かう氷の流れがとても大切だ。氷が内陸に留まっていれば、カービングも底面融解も起きることはない。逆に海へと流れ込む速度が上昇すれば、氷の消耗が増えてバランスが崩れてしまうだろう。

基本的には、氷は標高に沿って内陸域から沿岸へと流動する。しかしながらその速度は場所によって大きく異なっている。一年のあいだに氷が移動する距離は、氷床の大部分では数十メートルに満たないのに対して、一部の地域では数キロメートル以上に達する（口絵Ⅱ左）。沿岸部には特に氷の流れが速くなっている地域があり、小さな支流を集めながら海に流れ込む大河のような振る舞いを見せる。

周辺と比較して一〇〜一〇〇倍以上の速度を持つ氷の流れは、「氷河」または「氷流」と呼ばれている。たとえば日本の南極観測隊が拠点とする昭和基地の近くには「白瀬氷河」があり、その末端部は、年間二キロメートル以上の速度で海に流れ込んでいる（口絵Ⅱ右）。

速度がこのように著しく違うのは、氷床の底面状態が原因である。先に、氷は自身に作用する重力でハチミツのように流れると書いた。このような流れは、専門的にいえば「氷の粘性流動」と呼ばれるプロセスであり、氷が厚いほど、また表面が強く傾斜しているほど大きくなる。南極氷床の大部分はのっぺりと平らな地形であり、その緩やかな表面傾斜に沿ってゆっくりとした流れが生まれる。

一方、白瀬氷河のように流れの速い地域では、氷床の底面が融けている。濡れた基盤の上に氷がのっていたらどうなるか？　答えはもちろん「滑りやすい」である。実際には、岩や堆積物の上を氷が滑る場合もあれば、融け水を含んで柔らかい泥のようになった堆積物が氷の底で潤滑剤の役目を果たすこともある。いずれにせよ、氷河や氷流の底面では、氷が融けて大きな滑りが生じているのだ。

氷床の底面で融ける氷の量はわずかであり、消耗量への影響は小さい。しかしながら、底面を潤滑して氷を滑らせることで、わずかな融け水が氷床変動に大きな役割を果たしている。

流れが沿岸に達すると、氷は大陸を離れて浮き上がり棚氷を形成する。規模の大きな棚氷には複数の氷河が流れ込んでいることも多い。南極でも最大級のロス棚氷やフィルヒナー・ロンネ棚氷（口絵I上）には、無数の氷河・氷流から氷が供給されており、日本の国土よりも広い巨大な入り江が棚氷で蓋をされたような状態になっている。そして、これら棚氷の先端から氷山が切り離されて、底面で氷が融解する。速い流動は内陸から棚氷へと氷を運び、カービングと底面融解による氷の消耗をうながす。すなわち、氷河・氷流は氷の排水管、棚氷は氷を海に流出する排水口のような役目を担っているのである。

南極ではそんなこともわかっていなかった

棚氷の底面が融けていることは予想されていたが、どのくらい融けているかが正確に明らかになったのは、つい最近のことである。氷の融解を直接測定するのは困難で、それを推定するために必要な棚氷下の水温、塩分、海水の流れなどがわかっていなかったからだ。

二一世紀に入ってから、そこに大きな進展があった。底面融解が重要だと考える研究者が増えて研究が進むと共に、急速に発展した人工衛星による観測技術が応用されるようになったのだ。その結果、二〇一三年になってようやく、アメリカとヨーロッパで別々の研究グループが、南極の全域における棚氷の底面融解を定量化することに初めて成功した。

独立して解析されたふたつの見積もりは驚くほどよく一致しており、融解量はそれまで推測されていたよりもずっと大きく、カービングによって切り離される氷山の総量とほぼ同等であることが明らかになった。

二か月違いで発表されたふたつの論文による報告は、南極氷床の変動を理解する上で大きなブレイクスルーであった。降雪によって涵養された氷が、カービングと棚氷の底面融解で半分ずつ消耗する。読者は、こんなに基本的なことが解明されてからまだ一〇年も経っていない、という事実に驚くのではなかろうか。

「南極では未だにそんなこともわかっていない」

これは、私が本書で最も強調したいことのひとつである。裏返せば、今まさにたくさんのことが新しく理解されつつある。二一世紀に入ってから、南極氷床の変動に関する研究は急加速しているのだ。

コラム1

氷床内陸トラバース

二〇〇七〜二〇〇八年にかけて、日本とスウェーデンによる「南極氷床内陸トラバース」に参加した。ここでいう「内陸」とは、海から数百キロメートル以上離れた氷床の内側を指す。「トラバース」は「横切る」といった意味で、雪上車で氷床を横断しながら観測を行うプロジェクトだ。

昭和基地から、海に沿って二〇〇〇キロメートル西に、スウェーデンのワサ基地がある（口絵I上）。ふたつの基地からそれぞれのチームが雪上車で出発し、内陸の中間地点で合流する。人員と観測装置の一部を入れ替えてそれぞれの基地に戻り、三〇〇〇キロメートルにわたる観測を実現する国際共同研究だ（図コラム1－1）。

南極内陸は、氷床に雪が溜まっていく重要な場所でありながら、観測データは乏しい。氷床の変動を明らかにするために、雪と氷の蓄積量を広域で測定することが観測の目的であった。到達が難しい未踏の地域を探査する、国際協力ならではのプロジェクトといえる。

この観測によって、積雪量が近年増えていることがわかった。測定に使ったのは「氷レーダ

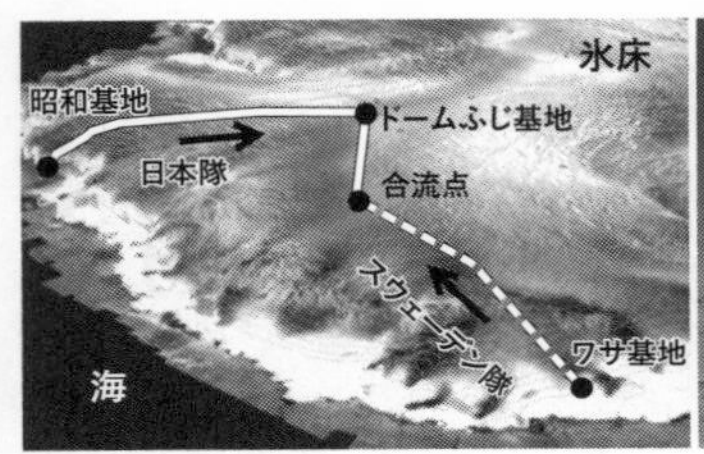

図 コラム 1-1　（左）日本・スウェーデン南極氷床内陸トラバースのルート。実線が日本隊、破線がスウェーデン隊のルートを示す。全長は約 3000 キロメートル。（右）日本隊の雪上車。氷レーダーのアンテナを搭載している

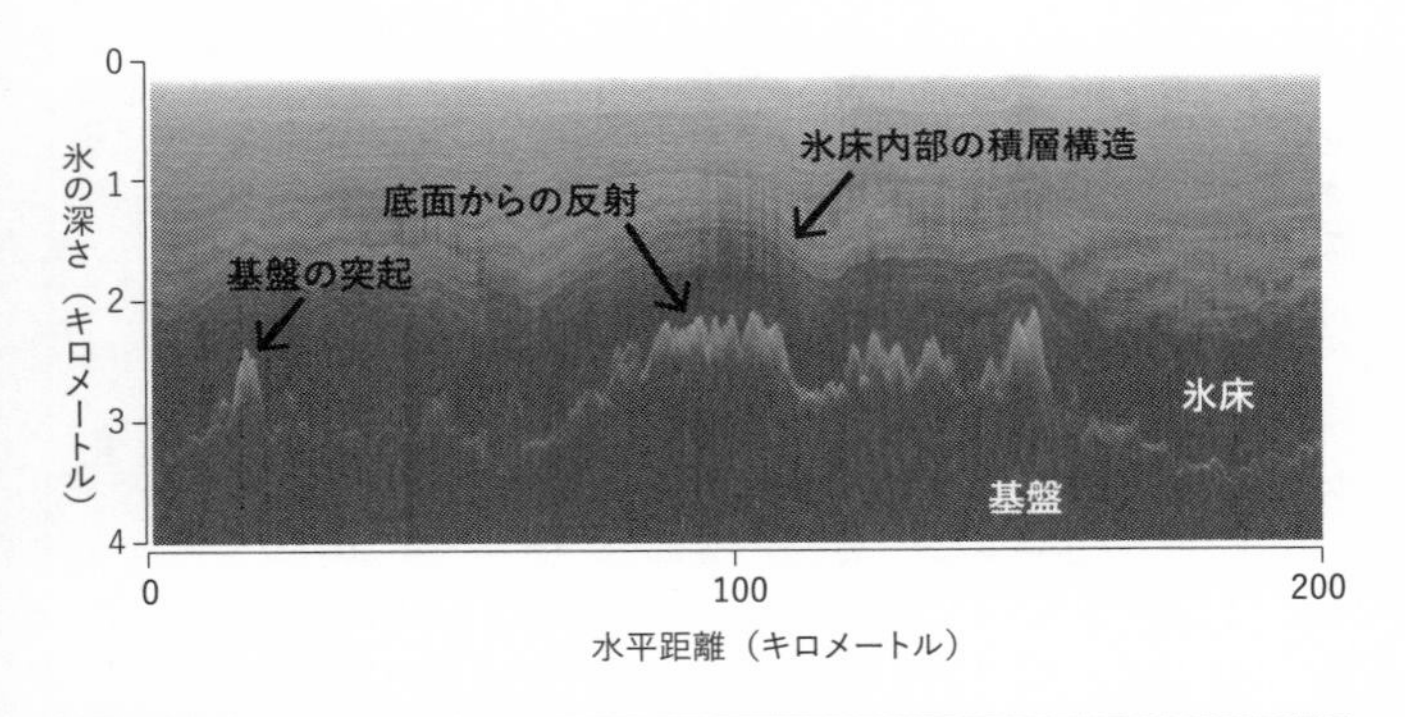

図 コラム 1-2　氷レーダーによる観測結果の例（提供：藤田秀二氏）。200 キロメートルにわたり、基盤と氷内部からの反射によって、氷床の厚さや氷の堆積量がわかる

ー」である。氷床内部に向けて電波を送ると、氷と基盤の境目から強い反射が戻ってくる。また、毎年積もった雪と氷の層からも反射があるので、氷床内部の積層構造が見える（図コラム1－2）。電波の往復にかかった時間から、氷床の厚さや、過去に蓄積された氷の量を知ることができるのだ。

昭和基地を出発した私は、後半はスウェーデン隊の一員となってワサ基地へと向かい、三〇〇〇キロメートルを移動した。ようやくワサ基地が近づくと、氷床から頭を突き出した岩山が見えてきた。雪上車で出発して以来、ずっと空と雪しか見ていなかったことに気がつく。三か月間南極で過ごしたが、ペンギンもアザラシも見ない。岩も植物もない。あったのは雪と氷だけである。この経験で、南極氷床が「雪と氷のかたまり」以外の何物でもないことを痛感した。南極のことを知りたければ、雪と氷について知らないわけにはいかないのである。

第二章 南極の氷の変化をどう知るか
——IPCC報告書から最新の観測手法まで

1 IPCC報告書の変遷

「二五〇〇ギガトン」のインパクト

二〇一九年にIPCC（気候変動に関する政府間パネル）が公表した「変化する気候下での海洋・雪氷圏に関する特別報告書」によれば、一九九二年から二〇一六年までの二四年間に、南極氷床は二五〇〇ギガトンの氷を失っている。いくつもの独立した研究成果にもとづいたこの数字は、現在の南極氷床が縮小傾向にあることをはっきりと示している。「二五〇〇ギガトン」とは、果たしてどのくらいの量なのか。

「ギガトン」で示される氷・水の質量と、海水面の変化量、すなわち「海水準相当」のあいだには「三六〇ギガトン＝海水準相当一ミリメートル」という関係がある。三六〇ギガトンの水が海に流れ込めば、世界中の海水面が一ミリメートル上昇する、という意味だ。

この関係式を使って計算すれば、最近二四年間で失われた南極の氷によって、海水面が約七ミリメートル上昇したことになる。上昇の速さに直せば、年間〇・三ミリメートル。といわれても、実感しづらい数字かもしれない。まずは、南極氷床の氷が減っているということを知ってほしい。第四章で、実際に観測されている海水準上昇、グリーンランド氷床や山岳氷河の影響、氷河氷床以外による影響などとあらためて比較する。

最近では世界中の研究グループが、さまざまな手法で氷床変動の解明に取り組んでいる。その結果、いつどれだけの氷が増減したか、ますます詳しいデータが報告されるようになった。ここからは最新の研究成果を紹介しながら、南極のどこで氷が減っているのか、失われる氷量の経年変化などを説明して、氷床変動の実態とそのメカニズムに迫っていく。

IPCCとは何か

そもそもIPCCとは国連が各国政府に呼びかけて構成する国際機関で、気候変動に関する政府間パネル（Intergovernmental Panel on Climate Change）の頭文字を取ったものである。

各国から選ばれた、専門分野を代表する研究者が集まって、気候変動に関する科学的な知見

図2-1　これまでにIPCC第一作業部会が出版した報告書の例

（第一作業部会）、生態系や社会への影響と適応策（第二作業部会）、さらにその緩和策（第三作業部会）について、最新の研究成果をとりまとめて報告する役割を持つ。地球上の気温が何度上昇しているのか、その結果どんな自然災害がもたらされるのか、気候変動を抑える術があるのか――。世界各国の施策のよりどころにもなる重要な情報を、ほぼ五～六年の間隔で出版される評価報告書によって伝えている（図2－1）。直近では二〇一三年に第五次評価報告書が出版されており、その後通常より少し間が空いて第六次評価報告書の公表が二〇二一年八月から始まっている。

　氷河・氷床の変動もＩＰＣＣが集約する主要な課題のひとつである。南極とグリーンランドの氷床、および世界各地の山岳氷河について、氷の変動量とそのメカニズムに関する最新の知見が評価報告書で報告されている。

　ＩＰＣＣの報告書において、南極氷床の変動はどのように記されてきたのであろうか。まずは二〇〇一年に出版された第三次評価報告書にさかのぼって確認してみよう。

ＩＰＣＣ第三次評価報告書——マイナスの海水準上昇とは

二〇〇一年にＩＰＣＣ第一作業部会が示した報告書は、その第一一章で海水準の変化について説明している（オンラインで公開されているので読者も閲覧可能。巻末の参考文献を参照されたい）。

二〇世紀の一〇〇年間に生じた海水準の上昇は一〇〇〜二〇〇ミリメートルとされ、この変化に対する南極氷床の寄与、すなわち氷床変動による海水準上昇は「マイナス二〇〜〇ミリメートル」と記されている。

この数値の意味がわかるだろうか。マイナス符号は海水準の低下を意味する。すなわち、「一〇〇年のあいだに氷床は拡大し、氷の蓄積によって海水準を最大二〇ミリメートル低下させた可能性がある。しかしながらその信頼性は低く、もしかすると氷床の大きさに変化はなく、海水準に何の影響も与えていない可能性もある」ということである。かなりあいまいな記述だ。

当時は南極氷床の全体をカバーする観測データは存在せず、報告書に示された数字は、いくつかの数値モデルを使って推定された値である。過去一〇〇年だけでなく、将来変動の予測も行われている。一九九〇〜二一〇〇年に起きるであろうとされた、南極氷床の変動による海水準上昇は、マイナス一七〇〜プラス二〇ミリメートル。不確定性の範囲はわずかにプラスの数字も含んでいるものの、今後一〇〇年のあいだに氷床が大きくなる可能性が高いことを示していたのである。当時から気温の上昇によって南極では降雪量が増えると考えられており、氷が増えるとの見方が主流であった。

今から考えると当時の理解はまだ不十分といえるが、観測データに乏しい二〇〇一年の段階で、IPCCに集まった研究者はすでに重要な変化のきざしに気がついていた。報告書に以下の一文がある。

「南極氷床では、パインアイランド氷河の接地線が、一九九二～一九九六年のあいだに約五キロメートル後退しており、氷河の流動加速によって氷が失われていることを示唆している」

この指摘の重要性が広く認められるのに、それほどの時間はかからなかった（第三章で詳述）。

IPCC第四次評価報告書――観測技術の進歩

続く第四次評価報告書は二〇〇七年の出版である。そこで示された一九六一～二〇〇三年における南極氷床の変化は、海水準に直してマイナス一二～プラス二三ミリメートル。相変わらず数値の幅が広く、プラスかマイナスかはっきりしてほしくなる。しかし注意して見れば、その幅がプラスの方向にシフトしているのに気がつくはずだ。

この報告書が公開されたころには、人工衛星を使った新しい観測データが発表されるようになっていた。もうひとつの巨大な氷、グリーンランド氷床では、二一世紀に入って急激に氷が減っていることが確認され、私たち研究者を驚かせた。そして南極でも、人工衛星データによって大きな変化が認識されつつあった。第四次報告書の出版以降、氷床変動に対する研究者の理解は飛躍的な進歩を遂げることになる。

IPCC第五次報告書――表明された「強い確信」

二〇一三年に出版された第五次評価報告書では、ついに南極氷床における氷の減少傾向が「強い確信」を持って示された。「強い確信」とカッコをつけた理由は、IPCCの報告書における言葉の使い方にある。

地球規模の気候変動を正しく報告するのは容易ではない。そのひとつの理由は、観測データに誤差や不確定性があり、そのようなデータにもとづく結論も〇～一〇〇パーセントまで確かさに幅があるからだ。データの確かさは、数値に幅をつけて示したり、誤差の幅を追加することで表現できる。一～三ミリメートルといった表現は、本書でも何度も使用した。また、二プラスマイナス（±）一ミリメートル、という表現にもなじみがあると思う。

しかし、文章で記述された結論の確かさはどうだろう。「氷が減っているようだ」と聞いて、何パーセントくらいの正しさを思い浮かべるだろうか。ましてや報告書に使われる英語は、多くの読者にとって外国語である。言葉の使い方に何らかのガイドラインが必要となる。

そこでIPCCでは、結論の確かさを「確信度」（confidence level）と呼び、五段階（とても弱い、弱い、中程度、強い、とても強い）で表現している。つまり第五次評価報告書では、五段階のうち二番目に強い確信を持って、「南極氷床が氷を失いつつある」と記述したのである。

ちなみにこの五つの段階を正しく選ぶためにふたつの判断基準がある。ひとつ目は、その結論を裏付けるデータの量や質である。もちろん、たくさんの正確なデータにもとづいた結論は、より確信度が高い。ふたつ目は、研究分野における合意である。気候変動問題は、世界各国のさまざまな研究グループが取り組む重要課題であるが、必ずしも全ての研究者が同じ結論を唱えていない。研究分野としてどの程度の合意が得られているか、これが結論の確信度を判定するふたつ目の基準である。この微妙な判断を正確に行うために、報告書の執筆者には、専門分野に関する幅広い知識と経験が求められる。

確固たるデータに支えられて、多くの研究者が正しいと思う結論は、より確信度が高いものとして記述する。逆に、データが不十分な場合や、研究者間で意見の割れる結論は、確信度が低いとされる。世界各国の為政者が、国政を判断する根拠となるのがＩＰＣＣの報告書である。複雑な気候変動をより正確に伝えるため、あたかも紐に印をつけて長さの指標とするように、言葉に目盛りをつけて記述されているのである。

氷の減少傾向を示すデータ

話を戻そう。第五次評価報告書によれば、一九九三〜二〇一〇年に南極氷床は氷を失っており、その量は二・七〜六・三ミリメートルの海水準上昇に相当する。不確定性を示す幅を考慮しても、氷の減少が確実視されるようになったのである。第三次評価報告書からわずか一二年。注目する期間が異なるので、各報告書の単純な比較は難しいが、これまでの経緯をまとめると次のようになる。

観測データが十分でなかった二〇〇一年の第三次評価報告書では、二〇世紀に生じた過去の氷床変動を数値モデルによって推定するしかなかった。その結果、不確実性を認めながらも、氷床拡大の可能性を示す内容となっていた。

その後、氷床全域をカバーする観測データが得られるようになった結果、第四次評価報告書では、逆に氷床の縮小傾向が示唆されるようになった。

やがて、技術が進歩して観測の信頼性が向上し、データの蓄積が進んだ。その結果、正確な観測データに支えられた確かな結論が得られるようになる。二一世紀に入って氷床が氷を失いつつあることが、第五次評価報告書ではっきりと示されたのである。

巨大な氷をどうやって測定するか

ＩＰＣＣの評価報告書をたどっていくと、二〇〇〇年ごろになってようやく、南極氷床全体としての氷量の変化が測定されるようになったことがわかる。そこにはいったいどんな技術の発展があったのだろうか。また、日本の四〇倍近い面積に広がる巨大な氷を、どのように測定しているのだろうか。

現在のところ、主に三つの手法で氷床変動が測定されている。いずれの手法も、その基盤となるのは最新の工学技術を応用した人工衛星観測だ。氷の変動を示すデータを理解するためには、観測手法についての知識が不可欠である。次節以降でその詳細を紹介する。

2 標高から氷の変化を知る

人工衛星による標高測定

観測手法のひとつ目は、表面標高の測定である。氷床表面の高さを繰り返し調べて比較すれば、氷の厚さの変化がわかる。これを南極全域で行うことができれば、氷床の体積変化を知ることができる。標高の測定は地図をつくるための基本技術なので、実績のある手法がたくさんある。しかしながら南極全域という広い範囲で、何度も繰り返して正確な測定を行うのは難しい。それを実現したのが、人工衛星に搭載された高度計である。

数百キロメートル上空を飛ぶ人工衛星から、どうやって地球表面の標高を測定するのか。使うのは、電磁波の反射を利用して距離をはかる高度計だ。山に向かって叫べば遅れてこだまが

図2-2 ICESatによる氷床表面高度の測定（NASA）

返ってくるように、人工衛星から地球に向けて電磁波を送れば、地表面までの距離が遠いほど遅れて反射波が戻ってくる。衛星の軌道位置が正確にわかっていれば、その遅れから逆算して直下の標高を知ることができる。

このような測定を連続して行えば、人工衛星の軌道に沿った標高が得られる（図2－2）。高度計には、レーザーが放つ可視光線、あるいは電子レンジにも応用されているマイクロ波が使われている。波長が異なるものの、いずれも電磁波の一種である。

極域標高観測衛星ICESat

二〇〇三年にNASA（アメリカ航空宇宙局）によって打ち上げられたI

CESat（アイスサット：Ice, Cloud, and land Elevation Satellite）は、特に極域での標高測定を目的とした人工衛星で、氷床変動の観測に大きな成功を収めた。緑色のレーザー光を使った標高測定は、誤差一〇センチメートルというから驚きである。「これで南極氷床とグリーンランド氷床の変動が明らかになる」と、NASAの研究者が学会で説明していたときの熱気を思い出す。

二〇一八年にはその後継となるICESat－2が打ち上げられて、早速大きな成果が報告されている。また欧州宇宙機関ESAでは、マイクロ波を利用したレーダー高度計を人工衛星に搭載して、一九九〇年代から独自の測定を続けている。

高度計を使った宇宙からの測定は、氷床観測に新しい時代をもたらした。特に優れているのはその空間分解能、つまり南極上の場所によって異なる氷の変化を細かく見分ける能力である。たとえばICESatは南極上空を何度もまわって、網目のような軌道に沿って測定を行う。測定ラインの間隔は数十キロメートル以内であり（後継のICESat－2は数キロメートル）、ライン上では一七〇メートル毎に標高が記録される。

この高い解像度でマッピングした標高データを、しばらく経ってから再測定した結果と比較すれば、どこで氷が変化しているのかが一目瞭然である。標高変化の地域的な違いが詳しくわかれば、氷床変動メカニズムを理解する助けになる。この空間分解能が、続けて紹介する他ふたつの手法よりも衛星高度計が圧倒的に優れている点である。

ＩＣＥＳａｔによる詳細な測定は、予想もしない発見を生み出している。たとえば南極沿岸に近い地域では、たった数か月のうちに、氷の表面が局所的に一〇メートルあまり陥没、または隆起することが確認された。

この現象は、氷床底面の湖が急速に流れ出して、別の場所に移ったことを示している。一〇〇メートル以上の厚さを持つ氷の底で起きた水の動きも、宇宙からは手に取るように把握できる。それまでは、南極氷床の下で活発に水が流れているとは誰も想像していなかった。衛星高度計がもたらした、衝撃的な新事実のひとつである。

氷床の高さ≠氷の厚さ

衛星高度計による測定は、広大な南極氷床の変動をこと細かに知る理想的な手法である。しかしながら、この技術にも弱点がある。まず問題になるのは、高度計によってわかるのは氷床の体積変化であり、質量変化ではない点である。氷床融解の結果として生じる海水準の上昇を明らかにするためには、氷の質量変化を知る必要がある。しかしながら、体積と質量の関係は一定ではない。体積と質量で何が違うのか。たとえばパンを焼けば、オーヴンの中で生地が大きく膨らんで体積が増える。ところがその一方で、水分が蒸発するので質量は逆に小さくなる。すなわち、物質の密度が変化すれば、体積を比較しても質量の変化を知ることは難しい。

氷床の密度は一定ではない。前章でも触れた通り、氷河・氷床の氷は雪の圧縮によって形成

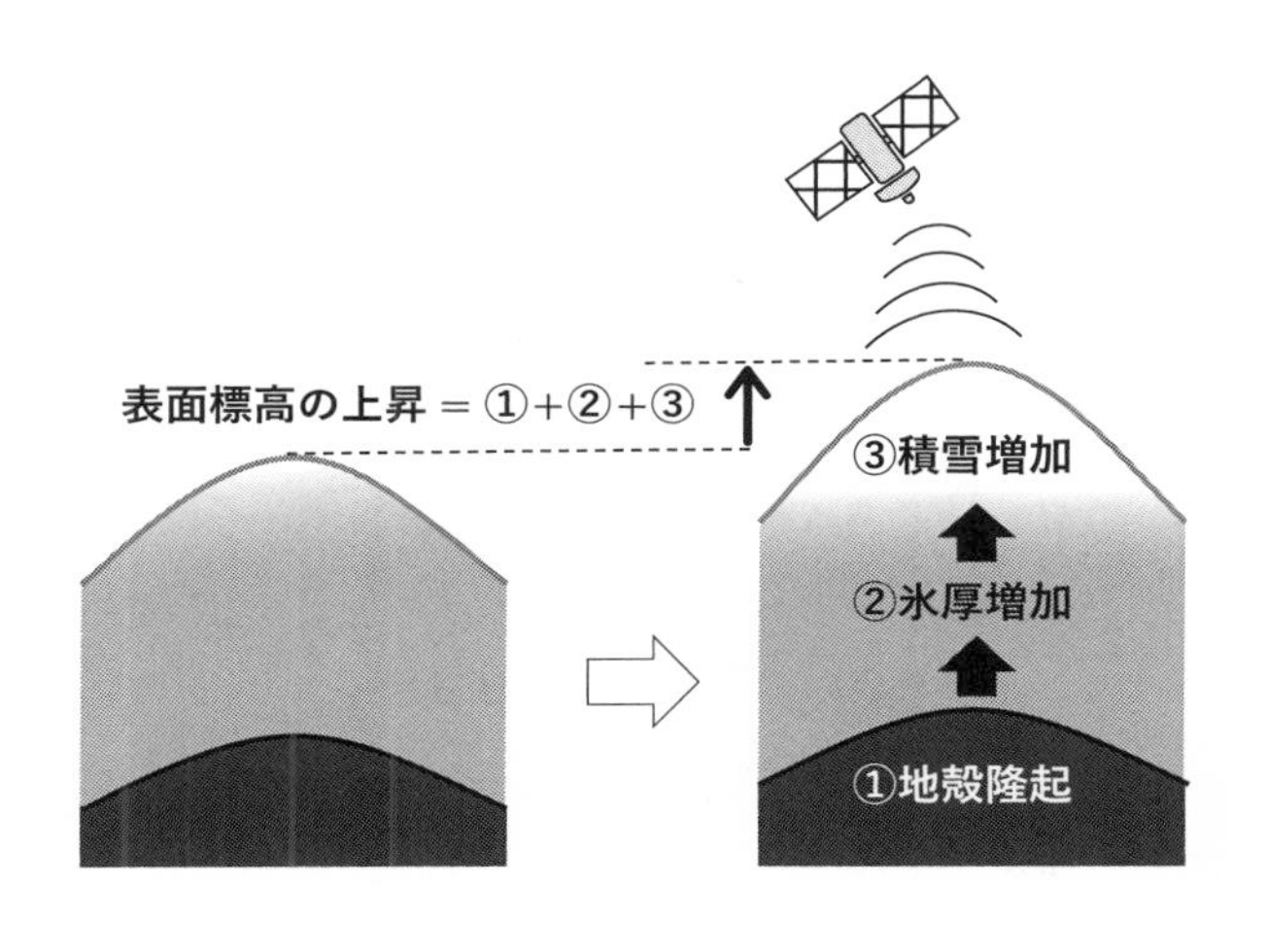

図 2-3　氷床表面の標高を変化させる要因

され、南極で雪が氷に変化するのは深さにして数十〜一〇〇メートル程度である。つまり、南極氷床の表面近くは空気を含んだ雪で覆われており、深くなるにつれてその密度が増加する。もし表面標高が一メートル上昇したとしても、スカスカで軽い雪の層が厚くなったのか、もっと深いところで密度の高い氷が厚くなったのか、その区別はできない（図2−3）。

さらに、表面標高の変化は必ずしも氷床変動だけによるものとは限らない。なぜなら、氷床を支える大陸基盤の高さが一定ではないからだ。地球はたまごの殻のような硬く薄い層で覆われていて、この層は「地殻」と呼ばれている（図2−4）。その一部である大陸地殻が海から顔を出したものが大陸である。厚さ数十

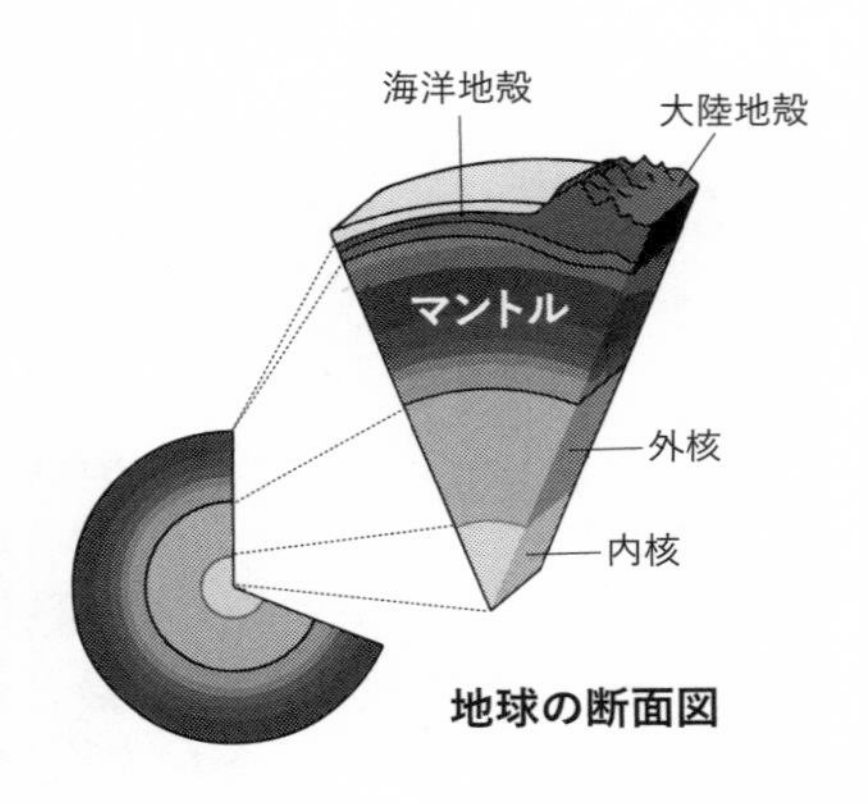

図2-4　地球の内部構造。地殻がマントルを覆っている

キロメートルの地殻は、流動性のあるマントル（厚さ約三〇〇〇キロメートル）に浮いていて、浮力と荷重のバランスで持ち上がったり沈み込んだりする。いわゆるアイソスタシー（地殻均衡）と呼ばれる現象である。

たとえ氷床の厚さが変化しなくても、氷の下で大陸が上下に動けば、表面標高も変化するのだ。過去二万年ほどのあいだ、氷期と呼ばれる寒い時期から温暖期にあたる現在にかけて、南極の氷は大きく減少した。その結果として荷重を失った南極大陸は、マントルの浮力を受けて、現在もゆっくりと持ち上がっている途中である。「氷河性地殻均衡」と呼ばれるこの現象は、氷床表面標高の変化を考える上で無視できない。この点は第四章で詳しく述べる（図4-14）。

高度計を使って氷床変動を研究するには、これらの弱点を克服する努力が欠かせない。雪が氷に変化するプロセスと、大陸が長い時間をかけて隆起するプロセスを、それぞれ数値モデルで計算して、測定された標高変化を補正しているのだ。南極各地で測定された雪の密度や、氷から露出した基盤で測定した地殻隆起の観測データを活用して、より正確な数値モデルが開発されている。地球規模の環境変化は複雑なメカニズムの結果として起きるので、測定装置から出てきた数字をそのまま使えることは少ない。小さな標高変化を正しく解釈するために、精緻な解析が行われていることを強調しておきたい。

3 重力から氷の変化を知る

地球の重力異常

ふたつ目の観測手法は、人工衛星による重力測定である。物体には重力が作用している、つまり地球に引っ張られていることをご存じだろう。重力の大きさは質量によって決まる。したがって同じ質量の物体に働く地球の重力はほぼ一定だが、厳密にいえば地球上の場所によって異なる。

平均的な重力からのずれを重力異常と呼び、その地域の地形や地下構造がその原因となる。高い山の上や、地下に重い鉱物が埋まっている場所では重力が大きく、逆に火山のカルデラのように地表が陥没していれば、その付近では重力が小さい。つまり、地球の表面近くに質量が集中しているような場所は重力が大きくなるのである。

重力観測衛星GRACE

重力異常は、平均値の一万分の一以下と小さな値であるが、そのような小さな変化を地球全体で測定する人工衛星がある。アメリカとドイツが共同で開発したGRACE（グレース：Gravity Recovery and Climate Experiment）と呼ばれる衛星である。

GRACEにはふたつの機体があり、片方が他方を追いかける形で地球をまわっている。前の衛星にはジェリー、それを追う後ろの衛星には（もちろん）トムという愛称がついており、両者の間隔は二二〇キロメートル。おおよそ東京から新潟までの距離である。

たとえば、先をいくジェリーがヒマラヤ上空にさしかかったとする（図2－5）。高い山が密集しているので、通常よりも重力の大きな地域である。前方にヒマラヤ山脈が見えてくると、ジェリーの機体はより大きな重力によって前方へ引っ張られるので、トムとの距離が長くなる。この距離の変化を正確に測定することで、重力異常を知ることができる。トムとジェリーの間隔は一〇マイクロメートルの精度で測定される。新潟で生じる薄紙一枚分の動きを、東京から

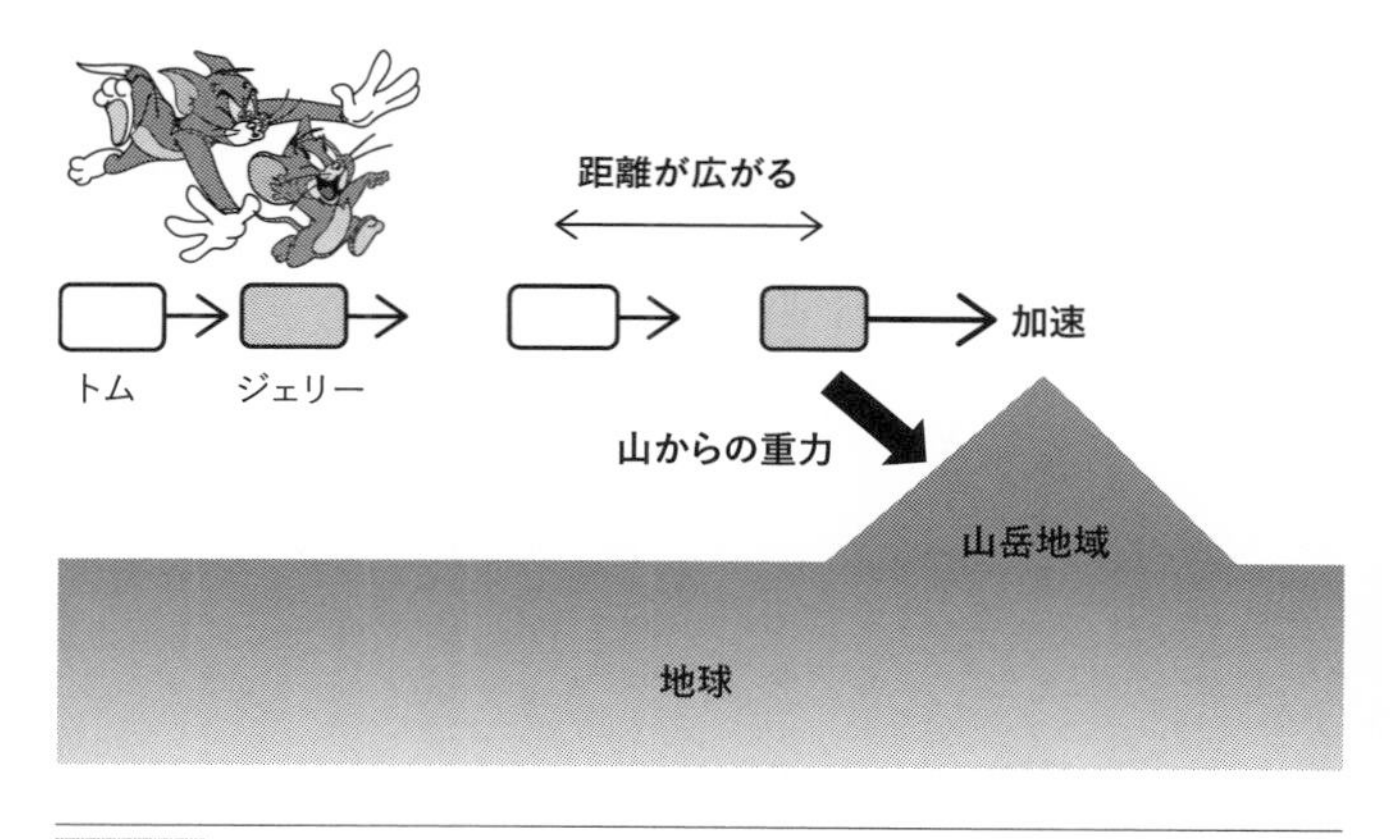

図 2-5　GRACE による重力測定の原理

測定できるのだから大変な技術である。

二〇〇二年に打ち上げられたGRACEは、重力異常の詳細な分布を測定することに成功した。確かに、ヒマラヤやアンデスなどの山岳地域では重力が大きく、プレートが沈み込む海溝付近でも重力異常が目立つことが示された。GRACEがすごいのは、その毎月の変化を一五年間にわたって記録した点である。重力が場所によって異なると知るだけでも驚くが、それが時間的にも変化するとなると、いったいどんな理由によるのか。

理屈から述べると、地球の表面近くでたくさんの物質が移動したり、増えたり減ったりすれば、その周辺の重力分布が変わる。たとえば豪雪地域では、冬になると積雪による重力の増加傾向が、GRACEのデータに明瞭に現れる。雪国に住む人は、冬になると体重計の読みが少し増えるはずだ。また、過剰な汲み上げによって地下水が減った地域では、重力が減少することも確認されている。だからもし南極で氷の量が変われば、上空を飛ぶトムとジェリーの距離によってその変化を捉えることができるのだ。

重力測定の長所と短所

重力測定の特徴は、重力異常の根本的な原因といえる質量変化を測定する点にある。海水準変動と直結する南極氷床の質量損失を知るには、まさに本質的な測定方法といえる。氷床の形や雪の密度の変化に影響を受けることなく、質量の変化そのものが得られるからだ。

その一方、氷床変動を調べる上で衛星重力測定にはふたつの弱点がある。ひとつは測定の空間分解能が低い、すなわち、氷の変化がどこで起きたかを細かく見分けることが難しい点である。

トムとジェリーが飛ぶのは上空約五〇〇キロメートル。そこで感じる重力の大きさは、地表数百キロメートルに広がる地形、地質、地下構造などによって決まる。つまり、測定される重力異常の空間分解能は数百キロメートルである。一般的な山岳氷河の大きさはせいぜい数十キロメートル。したがってGRACEのデータは、たとえばヒマラヤ地域における全体的な氷河縮小傾向を示すことはできるが、ヒマラヤの中でどの氷河がどれだけ小さくなっているかはわからない。南極氷床の直径は約五〇〇〇キロメートルなので、数百キロメートルの分解能でもそれなりに地域差を知ることはできる。しかしながら、高度計データと比較すると場所によって異なる氷床変動の解析は苦手である。

氷河性地殻均衡

重力測定のふたつ目の弱点は（こちらのほうがずっと悩ましい問題であるが）、地殻とマントルの変動、すなわち氷河性地殻均衡に影響される点である。高度計観測の説明でも触れたが、過去二万年のあいだに南極の氷は減少し、荷重を失った大陸基盤がゆっくり持ち上がっている。この隆起が生じるのは、大陸の下にマントルが潜り込んでくるからである。このマントルの影響を受けて南極における重力は増加傾向にある。

実際、現在の南極では、氷の損失によって減少する重力と、マントルが移動して増加する重力が同じくらいの大きさである。後者を正確に差し引かないと、重力異常から正しい氷の変化はわからない。

この問題が難しいのは、現在起きている地殻の上下動が、過去から現在に至る氷床変動の歴史を引きずって起きていることだ。マントルは荷重の変化に対してゆっくりと応答するので、今日起きた氷の変化が、明日にも明後日にも積み重なって地殻変動に影響する。したがって、マントルの移動によって現在生じている重力の変化を補正するためには、過去にさかのぼって南極氷床の変動を調べ、その影響を受けた現在の地殻変動を推定する必要がある。つまり、南極氷床で今起きている地殻変動を知るためには、過去の氷床変動を知る必要があるのだ。

実際には、数値モデルや地球に残された数々の痕跡から過去の氷床変動が見積もられている。さらに、地殻とマントルの密度や流動の性質を推定し、実際に南極で測定されている地殻上昇速度とも比較しながら、氷河性地殻均衡が重力に与える影響が計算されている。重力を地球全体で測定する、という夢のような技術をもってしても、氷床変動の理解は一筋縄ではいかない。さまざまな影響を細かく評価して、緻密に補正する解析作業が必要なのである。

4 インプット・アウトプット法

氷床の「収入」と「支出」

最後に紹介する第三の手法は、インプット・アウトプット法と呼ばれ、氷床に対する氷の出入りを計算するものである。氷床変動をつかさどるプロセスを思い出してほしい。氷床の質量変化は、氷が増える「涵養」と、氷が失われる「消耗」によって決まる。ここでは、それぞれが「インプット」と「アウトプット」に対応すると考えてもらえばよい。

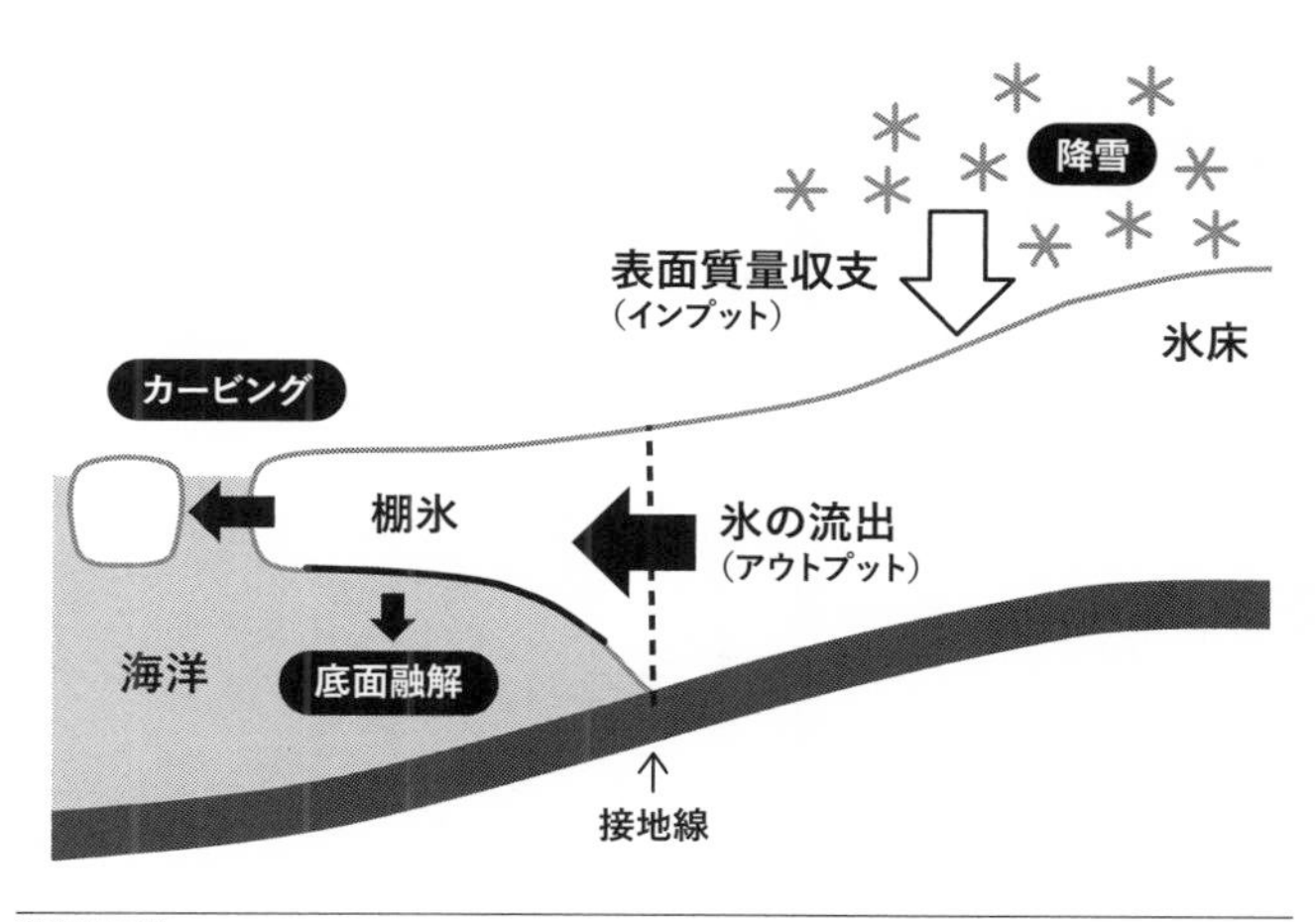

図2-6　インプット・アウトプット法の概念と、氷床変動の原因となる主要プロセス

氷床の表面では、涵養の主な要因である雪が溜まっていく。またわずかな融解によって融け水が流出する。このほか、大気中の水分が霜として氷床に付着する一方で、逆に雪や氷が大気中に蒸発する、いわゆる凝結と昇華が起きる。これらのプロセスを総合して「表面質量収支」と呼ぶ。表面、すなわち大気との境界から氷床に入ってきた雪と氷の総量である。南極ではこの表面質量収支が大きな黒字になっていて、氷床の収入源、つまりインプットとなっている（図２－６）。

他方で、氷床の支出、アウトプットはどこで起きているか。それは棚氷で生じる底面融解とカービングである。南極氷床一家の支出のほとんどは、放蕩息子である棚氷の浪費癖によって生じている。しかしながら、棚氷の底面がどれだけ融けているか、末端からどの程度の頻度で、どんな大きさの氷山が切り離されているか、これらを正確に測定するのは難しい。

そこでまず、底面融解かカービングかの区別はせず、両方を合わせて氷床のアウトプットとする。その上で、そのアウトプットが、内陸から棚氷に流出する氷の量と等しいと仮定する（図2－6）。つまり、接地線を越えて出ていく氷と同じ量だけ、底面融解かカービングで失われていると想定するのである。放蕩息子に渡した小遣いの額だけを勘定しておいて、その使いみちは言及しないというような方針だ。

もしインプット（表面質量収支）とアウトプット（氷の流出）が測定できれば、両者の比較から氷床の質量変化を計算することができる。厳密にいえば、わかるのは接地線よりも上流側、陸の上に乗った氷の変化だけである。そもそも海に浮いた棚氷が融けても海水準に影響はないので、棚氷の変化に目をつぶるのは、それほど問題にならないことが多い。問題になるのは、どうやってインプットとアウトプットを測定するかである。

領域気候モデル

インプットのほうは、降雪量の他、大気中の気温、水蒸気量、風などを計算する数値モデルを適用する。ここで使われるのは領域気候モデルと呼ばれるものだ。日々の暮らしでおなじみの気象予報で活躍する手法を、南極に応用したものと考えてほしい。数キロメートルから数十キロメートルの細かさで南極全体の気象状態を計算し、いつ、どこで、どれだけ雪が降るか、融解・昇華・凝結も含めて、表面質量収支の各項目を推定する。

　気象に関わるさまざまな現象がより正しく数式で表されるようになり、能力の向上したコンピュータの利用によって、十分に精度の高い数値モデルが開発されている。実際、私たちが南極で野外観測を行うときには、そのようなモデルを使った天気予報を参考に行動するが、とてもよくあたるので感心させられる。また近年は、南極における気象の観測データも徐々に増えてきている。現場で観測された気象条件や積雪量を、計算結果と比較することによって、南極気候モデルの信頼性と正確性が向上している。

氷の流動速度の測定

　他方のアウトプットは、人工衛星データを活用して測定する。高度計と重力計に加えて、ここでも最新の衛星観測技術が活躍しているのだ。棚氷への流入量は、接地線における氷の厚さと流動速度を測定すれば見積もることができる。ちなみにこれは、河川の流量を測定するのと同じ理屈である。川に堰をつくって、水の深さと流れの速さを測定すれば、時間当たりの流量が得られる。

　氷河が流れる速度は、氷の上に設けた目印の位置を何度か測量すれば知ることができる。従来はこの作業を、氷に立てたポールと測量装置で行っており、南極のように広い地域を網羅する測定はできなかった。

やがて人工衛星画像の解像度が向上して、氷河上のクレバス（深い割れ目）や凹凸が判別できるようになると、それら氷河上の特徴物を画像の上で追うことが可能になった。たとえば、数週間の間隔をおいて撮影された二枚の画像を比較して、同じクレバスの位置ずれを測定すれば、その地点で氷が動いた速度が得られる。衛星画像の高精度化に加えて、人工衛星がより頻繁に撮影を行うようになって画像の枚数が増え、氷河流動の衛星観測は二一世紀に入って飛躍的に進歩した。そして二〇一一年に初めて、南極全域をカバーする氷床流動速度のマップが完成するに至る（口絵Ⅱ）。この技術革新がなければ、氷流出を全域で知ることは不可能だった。

氷の厚さと接地線の測定

アウトプットの計算にもうひとつ必要なのが、接地線における氷の厚さだ。氷河の厚さを測定するのは容易ではない。通常は氷の上から電磁波または地震波を送り、氷の底面から戻ってくる反射波の遅れから厚さを測定する。先述した衛星高度計や、海の深さを測定するソナーと同じ原理である。

当初は氷床上を雪上車やスノーモービルを使って移動しながら、限られた地点での測定が行われていた。最近は航空機による観測がより広い範囲をカバーするようになり、南極全域氷厚マップの精度が上がっている。しかしながら、南極を取り巻く接地線の総延長は五万キロメートル以上、なんと地球の外周よりも長い。全ての場所を測定するのは大変な作業である。

つまり氷流出の計算に使われるのは、氷の厚さそのものをはかった値ではないのだ。厚さの代わりに、接地線における氷表面の高さを、海水面に対して測定する。この手法は、棚氷が海に浮いていることを利用したものである。

「氷山の一角」という表現を思い出してほしい。氷山の約九〇パーセントが海面下に隠れていることから生まれた言葉だ。棚氷も同じ割合で海面から顔を出しているので、海水面からの氷の高さがわかれば、海水と氷の密度を使って氷の厚さを計算できるのである。

もうひとつ重要な問題がある。どうやって接地線の位置を見つけるのか。接地線とは、基盤に「接地」した氷床の底面が大陸から離れて棚氷となる地点のことである（図２－６）。内陸から流れてきた氷が初めて海と出会う、この重要な境界線を見つけるのは容易ではない。

ここでも、表面標高の測定が活躍する。棚氷は海に浮いているので、潮汐によって海面と一緒に数メートルの上下動を繰り返す。接地線より上流側はそのような動きを示さないので、潮汐に合わせて動く氷と動かない氷の境界が接地線である。人工衛星による精密な測定で、その判別が可能になっている。

インプット・アウトプット法だけにできること

領域気候モデルによるインプットの計算と、人工衛星データによるアウトプットの測定。それらの差し引きとして、氷床全体における氷量の変化が求められる。まわりくどい手法に感じるが、他の手法と比較して大きな優位性がふたつある。

ひとつは、氷の変化量だけでなく、その変化の原因をより詳しく議論できる点である。高度計と重力計のデータは、氷床の体積や質量について知らせてくれるが、その変動メカニズムはデータをにらみながら推定するしかない。それに対してインプット・アウトプット法は、表面質量収支と氷流出を分けて測定している。したがって、氷床変動の原因が、主に気候によって左右される表面質量収支にあるのか、それとも氷床流動の変化なのかを明らかにできる。南極では、棚氷の底面融解やカービングに変化が報じられる一方で、温暖化による降雪増加の可能性も指摘されている。したがって、表面質量収支と氷の流出を区別して数値化できるメリットは大きい。

もうひとつは、過去にさかのぼった解析である。高度計と重力計による氷床観測が始まったのはそれぞれ一九九〇年代および二〇〇〇年代であり、それ以前のデータは存在しない。その一方で氷の流動速度や表面質量収支は、過去の人工衛星画像や気象データを使って一九七〇年代までさかのぼることができる。現在の変化を理解して将来を予測するために、過去の氷床変動は大きな参考となる。したがって、インプット・アウトプット法によって初めて得られた、過去五〇年にわたる変動データの役割は大きい。

この手法の弱点といえば、気候、流動、氷床地形など、さまざまな計算と測定が要求される点であろうか。使われるデータが多くて解析も複雑なので、誤差の評価も容易でない。実際には、データ収集や数値シミュレーションなどそれぞれの分野を専門とするいくつかの研究チームが、国際的に協力してインプット・アウトプット法の解析を進めている。複数の組織が共同で研究することによって、結果の信頼性向上にもつながっているのだ。

コラム2

南極観測に参加するには

南極で観測してみたいと思ったら、日本人にとって最も身近なのは、昭和基地を中心とした南極地域観測である。一九五六年から続く国の事業で、国立極地研究所を中心として毎年観測隊を送り出している。

観測隊のメンバーは、研究者と、観測活動を支える専門技術者に分けられる（図コラム2－1）。たとえばコラム1で紹介したトラバース観測では、私を含めた日本隊は八名。車両エンジニア二名と医師が一名、残り五名が研究者だった。過酷な内陸で活動するためには、雪上車や医療の専門家の支えが必要不可欠である。この他にも観測隊には、建築、機械、調理、通信など、さまざまな分野の専門家が参加している。そのような技術を身につけて隊員公募に応募する、または関係企業から派遣されるのが、南極観測に参加するひとつの道である。

一方の研究者は、南極で実施される研究プロジェクトの一員として観測隊に参加する。大学や研究所で、雪氷、海洋、大気、気象、生物、地質など、南極と関わりのある研究に携わる人が多い。同行者という形で大学院生が参加することもある。いずれにせよ、南極に関する研究

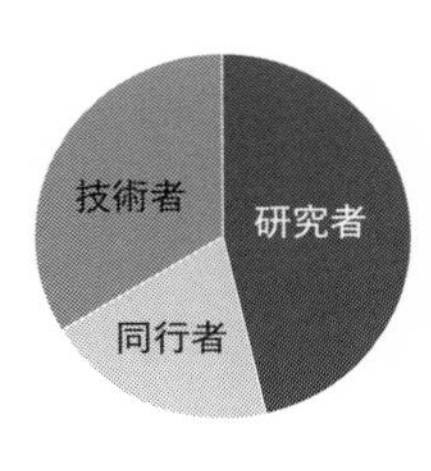

図 コラム2-1　2019年に派遣された第61次南極地域観測隊89名の内訳（国立極地研究所データ）

分野を目指すことで機会が生まれる。

私にとって最初の機会はトラバースプロジェクトだった。学会でトラバースの計画を耳にして、思い切ってプロジェクトリーダーに「参加したい」と伝えてみた。氷河の研究者として、南極氷床は重要かつ魅力的な研究対象だったからだ。それ以来、何度か観測事業に関わることができたのは幸運だった。

これまで六二回の観測隊に派遣された隊員は約三五〇〇人。あまり多いとはいえない数だが、その可能性は誰にでも開かれている。もし研究者として南極に行きたければ、南極観測に実績のある大学に進学することをお薦めする。たとえば、私が所属する北海道大学では「南極学カリキュラム」を開講している。このカリキュラムは、次世代の極域研究者を育てる大学院教育プログラムである。このプログラムを通じて、極域科学を学んだ若手研究者を南極観測に送り出すことは、私にとってやりがいのある仕事のひとつとなっている。

第三章 崩壊する棚氷、加速する氷河

いま「氷の大陸」で何が起きているか

1 明らかになった氷床の危機

IPCCが示したデータ

ようやく氷床変動のデータを紹介する準備が整った。前章で紹介した三つの手法を用いて得られた、南極氷床に関する最新の知見を見ていこう。気候変動とその影響に関して、最も新しく信用できる情報を得るには、IPCCの報告書を見るのが一番である。ここではまず、前章の冒頭で紹介した二〇一九年出版の「変化する気候下での海洋・雪氷圏に関する特別報告書」を取り上げる。二〇一三年に第五次評価報告書が出版された後、第六次評価報告書出版までのあいだに、テーマを絞ってまとめられたいくつかの特別報告書のひとつである。

南極氷床の変動についてこの報告書が取り上げているのは、衛星高度計を用いた七つの研究と、衛星重力計を用いた一五の研究、そしてインプット・アウトプット法に基づく二つの研究。実に二四のグループによる研究成果である。いかにこの分野に力が注がれているかを感じる。これらの結果を比較検討して、一九九二年から二〇一六年にかけての南極氷床の変化が示されている。氷の変化を求める手法だけでなく、使用するデータや解析方法も、研究チームによって少しずつ異なっている。したがって、それらを比較することでより正確な数字をはじきだすと共に、結果が持つ「確からしさ」も評価できるのである。

このような研究成果の「相互比較」は、さまざまなアプローチで研究が進んでいく地球科学の分野で、しばしば採られる手法である。後で述べる数値モデルによる氷床変動予測でも、異なるモデルを使った結果の比較が盛んに行われている。オンリーワン、ナンバーワンを目指す研究ばかりでなく、研究者がスクラムを組んで地球規模の問題解決に挑むことがより重要になっているのだ。

急激に失われる氷の実態

二〇一九年の特別報告書には、以下のことが示されている。

まず一九九二年以降、南極氷床の質量は減少を続けている（図3-1）。個々の研究結果に

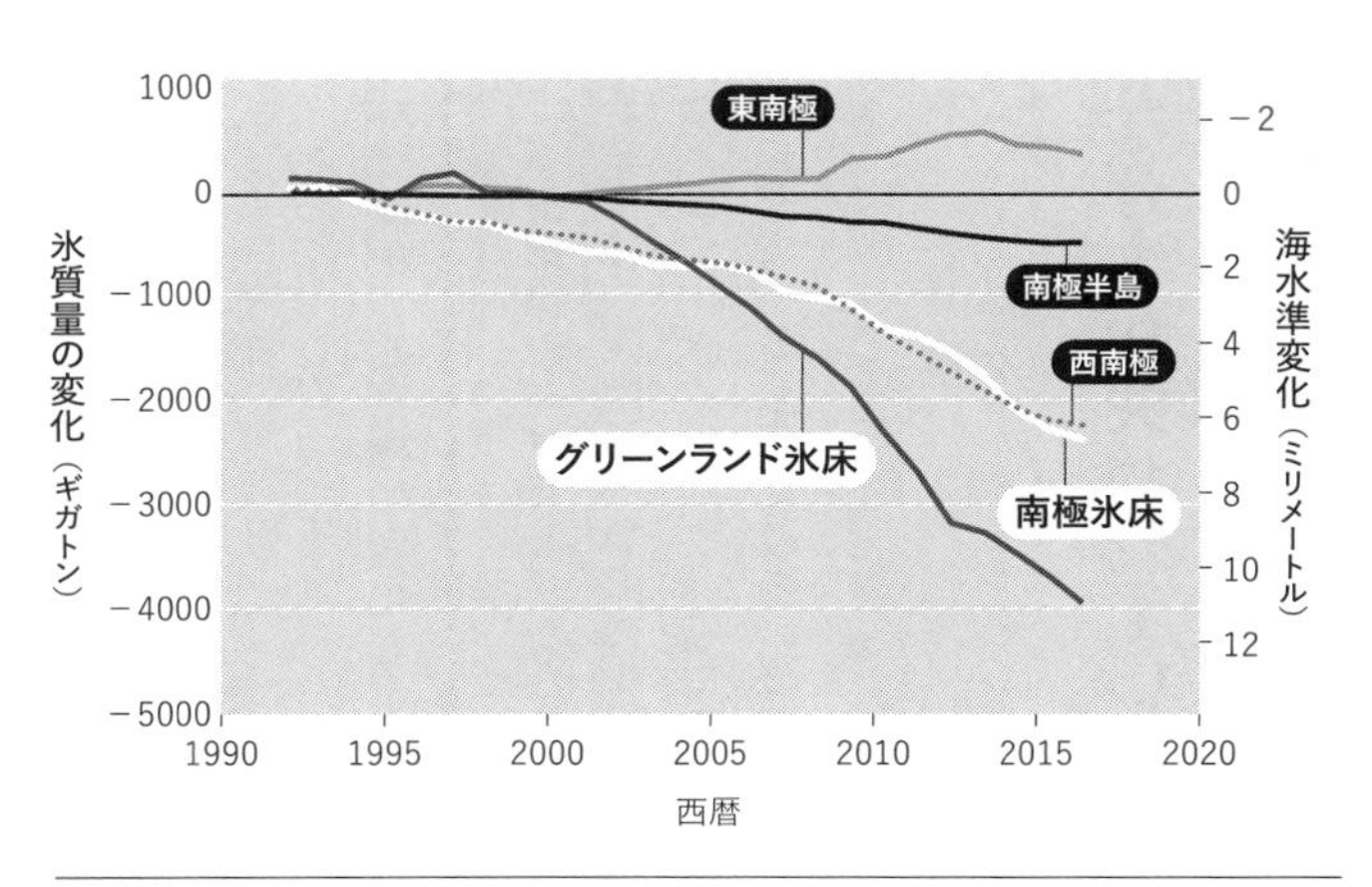

図3-1　南極氷床の各地域とグリーンランド氷床の質量変化。右軸は海水準の変化に換算した値（IPCC, 2019）

は誤差が含まれるものの、複数の結果を統計することでその信頼性は上がる。二四年間の平均で毎年一〇〇ギガトン（海水準相当〇・三ミリメートル）の氷が減っており、この変化は測定誤差よりもずっと大きい。ちなみにこの二四年間で失われた氷は、南極氷床全体量の一万分の一に相当する。

次に、氷が失われる速度が、近年加速している可能性が高い。グラフを見ても、氷の減少を示す右肩下がりの傾きが、二〇〇五年あたりから急勾配になっていることがわかる（図3－1白線）。

同じグラフに示されたグリーンランド氷床の変化は、その傾きが南極よりも大きい。つまりグリーンランド氷床は、その九倍の氷を抱える南極よりも氷の消失スピードが速く、海水準の上昇にさらに大きな影響を与えているのだ。

他方で、南極でも氷の減少は加速傾向にあるので予断は許されない。実際、グラフ横軸の二〇一五年前後を見れば、南極とグリーンランドはよく似た傾きを示している。

さらにもうひとつ重要なことが、南極各地域の比較から読み取れる。南極氷床全体の変化を示す線が、西南極の変化を示す点線とほぼ重なっているのだ（図3-1）。他方で、東南極は期間中に若干の質量増加を示し、南極半島ではそれと同程度の減少が起きている。言い換えれば、東南極におけるわずかな氷の増加は、南極半島での減少で相殺され、氷床全体としての質量減少は、西南極で急激に失われている氷の量とほぼ等しい。つまり、南極氷床の変化は地域によって大きく異なり、特に西南極がホットスポットになっているといえる。この地域差が、今起きている氷床変動のメカニズムと直結しているのである。

2 なぜ氷が失われているのか

変化する気温と降雪量

なぜ今、南極で氷が失われているのだろうか。さらに詳しくデータを見る前に、変動要因として考えられるいくつかの可能性を想像してみよう。

氷床の質量変動と関わりのある地球環境のうち、近年変化したものといえば、まず思いつくのが温暖化である。よくいわれるように、南極でも気温が上昇して、氷床表面で氷の融解が進んでいるのだろうか。

長期の気温データは限られているものの、南極半島と西南極では、過去数十年にわたって温暖化が進んでいる可能性が高い。特に南極半島では南半球で最も急激な温暖化が観測されており、二〇世紀後半には、一〇年間あたり〇・三度に達する気温上昇が観測された。しかしながら、もともと気温の低い南極では、この程度の気温上昇で氷が融け始める地域は限られている（南極半島における温暖化の影響は後述する）。また広大な面積を抱える東南極では、過去数十年間に目立った気温変化は観測されていない。同じ極域でも、世界で最も温暖化が激しい北極とは対照的に、南極の温暖化傾向ははっきりしていないのだ。結論をいえば、気温上昇による表面融解は、南極における近年の氷床変動の直接的な要因ではない。

それでは、氷床を涵養する降雪の変化はどうだろう。南極では温暖化によって雪が増えると考えられてきた。実際、南極で採取された氷コアの解析によれば、過去一〇〇年のあいだに南極全域で積雪が増えており、その傾向は最近になって加速している。雪が増えれば氷も増えるはずなので、ＩＰＣＣが伝える氷床の縮小傾向とは逆の方向である。

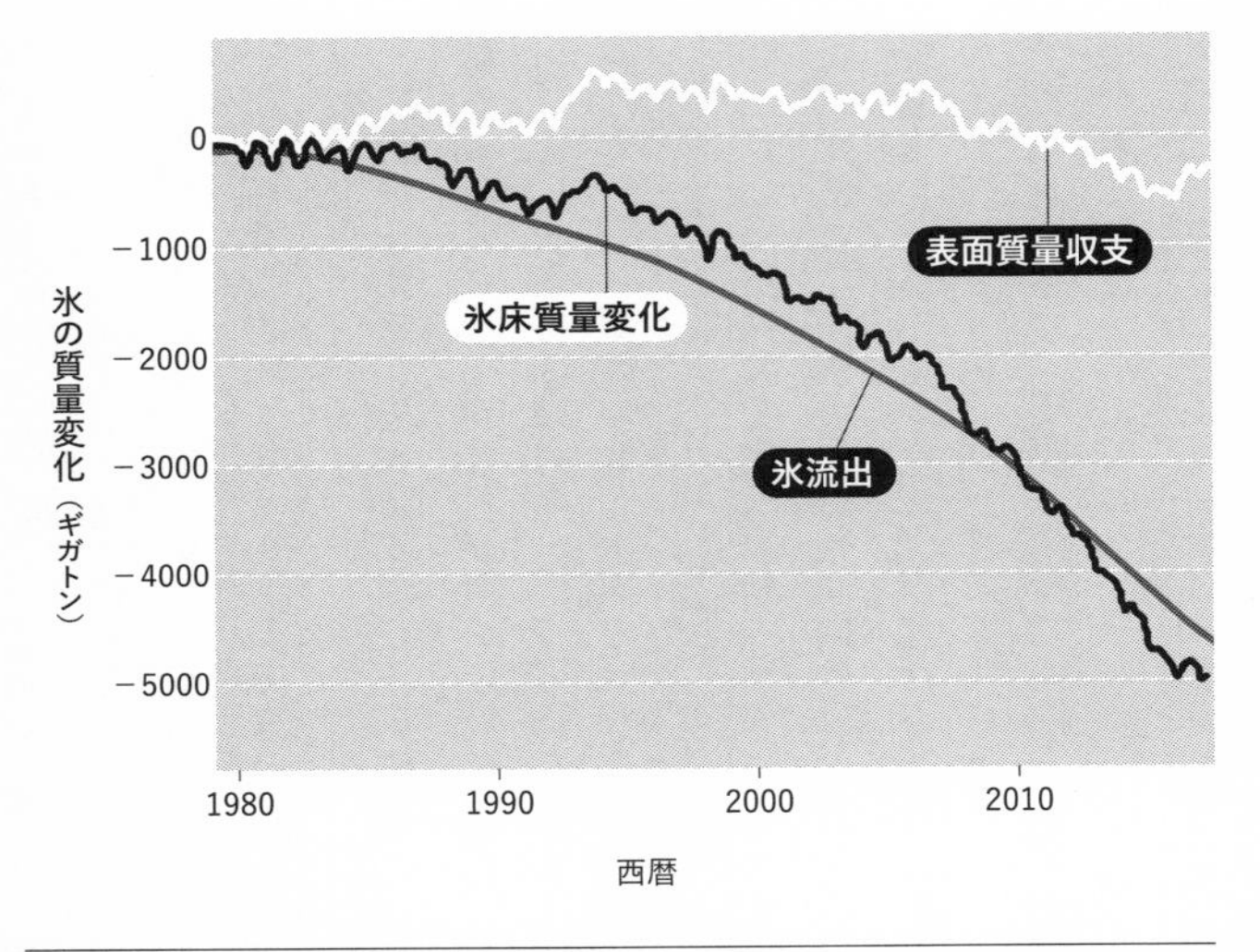

図3-2　南極氷床の全質量の変化、および質量変化に対する表面質量収支と氷流出の寄与（Rignot et al., 2019）

もっとも、積雪が増加したメカニズムは、温暖化のみで説明できる単純なものではない。南極を取り巻く偏西風が強くなったり弱くなったりする変動（南極振動と呼ばれる）をはじめ、大気循環システムの変化が重要な役割を果たしている。さらにそのような変化は、エルニーニョ・ラニーニャ現象に代表される中低緯度の大気と海洋の状態、また南極上空のオゾン層の変化にも影響を受けていると考えられる。

いずれにせよ、南極では積雪量が増加して、氷の減少を食い止めている可能性が高い。

氷床変動の鍵を握る「氷の流出」

表面融解も降雪も、南極が氷を失っている原因ではない。だとしたら、近年の気候変動が南極氷床に及ぼす影響は皆無なのか。そうではない。異変は氷床の表面以外の場所で起きている。ここで、前章で説明したインプット・アウトプット法を思い出してほしい。表面質量収支と氷の流出を別々に計算・測定する手法である。表面質量収支によるインプットが原因でなければ、残っているのはアウトプット。すなわち「氷の流出」が増えているのではないか。

二〇一九年に発表された論文では、インプット・アウトプット法による最新成果が報告されている。この研究が示す氷床変動の内訳を見ると、過去四〇年以上にわたって表面質量収支はほとんど変化していない（図3－2）。その一方で氷の流出は明らかな増加傾向にある。そして氷流出量の変化が、氷床全体としての質量減少を示すカーブとぴったり一致している。何らかの原因で、より多くの氷が海に流出しているのである。つまり収入が変わらないまま、出費が増えているのだ。

パインアイランド氷河の異変

氷床変動の原因が氷の流動にあることは、早い段階から指摘されていた。西南極のアムンゼン海と呼ばれる地域には、南極最大の氷流出量を持つパインアイランド氷河が流れ込んでいる（口絵Ⅰ）。年間数キロメートルもの速度で氷を海に吐き出すこの大きな氷河は、二〇〇〇年ごろからその急激な変動が注目されている。

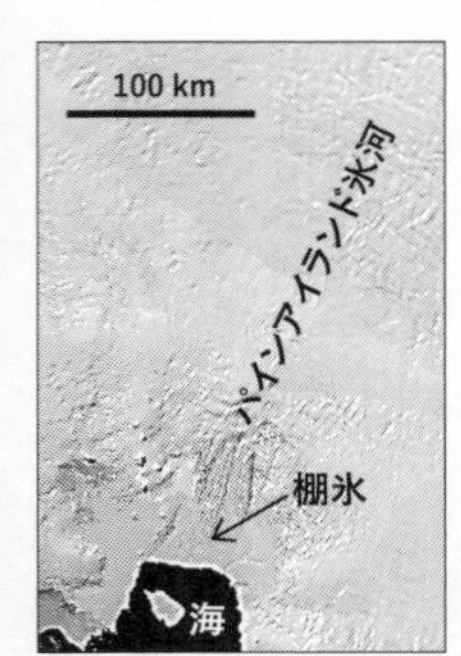

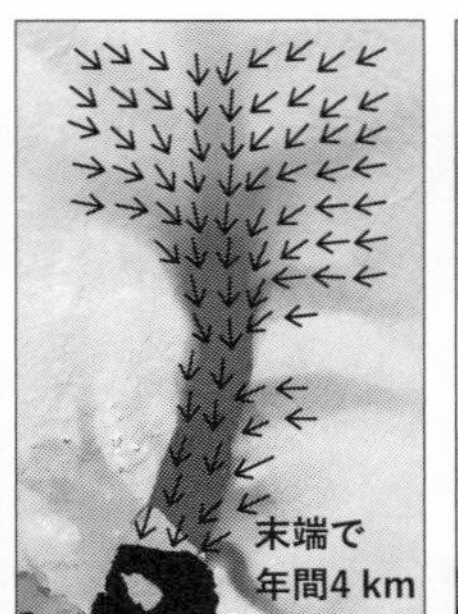

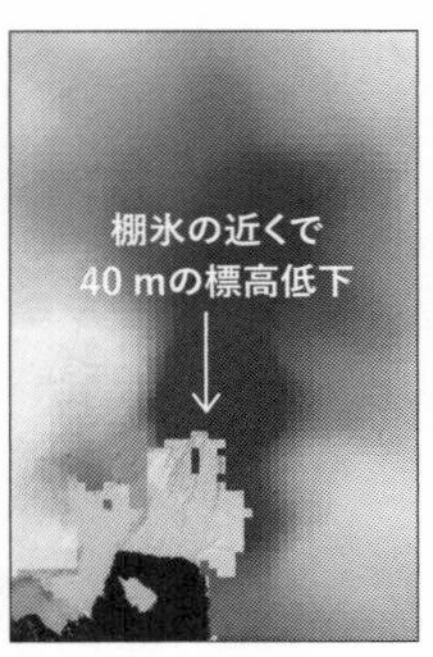

図 3-3　（左）パインアイランド氷河。（中）グレースケールが氷河の流動速度（色が濃いほど速い）、矢印がその方向を示す。（右）2003 ～ 2019 年の表面標高低下量（色が濃いほど大きく低下）（データ：Smith et al., 2020）

パインアイランド氷河の表面標高変化、すなわち氷の厚さの変化を見てみよう（図3-3右）。ICESatの高度計データによれば、二〇〇三～二〇一九年のあいだに氷河の末端付近で、厚さにして四〇メートルの氷が失われた。ざっと一〇階建てのビルの高さである。

興味深いのは、このような氷の減少が、流れが速い氷河の上に集中している点である（図3-3の右二つを比較してほしい）。もしこの変化が積雪の減少や氷の融解によるものであれば、この地域一帯にわたって同じような傾向が見られるはずだ。つまり速く流れる部分だけに起きた変化は、氷河から海へ流出する氷が増加して、氷河が痩せていることを示しているのだ（ちなみに、棚氷は海に浮いているので、氷が薄くなっても表面標高の変化は小さい）。

実際、パインアイランド氷河が流れる速度は、一九九六〜二〇〇七年の一一年間で四〇パーセントも速くなっている。降雪・融解量と、上流側から氷河に供給される氷の量に目立った変化はない。海に流れ出る氷だけが一・四倍になれば、氷河が氷を失って薄くなるのもうなずける。前章で紹介した通り、すでに二〇〇一年のIPCC評価報告書でもパインアイランド氷河の加速については言及されていた。その後の研究によって、この記述の重要性が確認されたわけである。

パインアイランド氷河に続いて、西南極と南極半島のいくつもの氷河において、同じような変化が報じられた。このような地域的な現象は、氷床全域の標高変化からも明らかである。最近のデータを見ると、西南極と東南極に点在する流れの速い氷河に、氷の減少が集中している（口絵Ⅲ）。その一方で、東南極を中心とした氷床内陸部における標高変化は小さい。

氷床は温暖化した大気にさらされてじわじわ融けているのではない。海へと流れる氷河に起きた異変によって、いわばダイナミックに氷を失っているのである。

3 南極氷床の「弱点」とは

棚氷の変化と氷河の加速

二一世紀に入るころ、氷河の加速が報じられるのと前後して、南極氷床の沿岸でもうひとつ重要なプロセスが注目を集めていた。氷河が流れ出した先にある棚氷の変動である。

すでに説明したように、棚氷が融けても海水準に影響はない。しかし棚氷が変化すれば、その上流側につながった氷河にも影響が及ぶ。その影響が氷床にとって深刻なものとなる可能性は、早くから指摘されていた。しかしながら、棚氷の変化、特にその底面融解の観測は困難で、仮説の検証はなかなか進まなかった。

その後ずいぶん経って、棚氷の底面融解が氷床全域で測定されたのが二〇一三年のことである（図3－9にて後述）。最近になってようやく、研究者がうったえる棚氷における精密測定の要求水準に、観測技術が応えられるようになったといえよう。

パインアイランド氷河の末端には、幅三五キロメートル、長さ約七〇キロメートルの棚氷がある（図3－3）。その厚さは四〇〇～五〇〇メートル。東京タワーの高さよりも厚く、東京都全体を覆うほどの面積の氷が、海に浮いていると考えてほしい。

一九九八年に、この棚氷の異変が報じられた。一九九二〜一九九六年のあいだに氷が一五メートル薄くなり、接地線が五キロメートルも後退していたのだ。このような棚氷の変化は、その上流にある氷河にどのような影響を与えるのだろうか。

まず、棚氷が薄く小さくなれば、内陸から押し寄せる氷の流れを押しとどめる効果が減少する。棚氷に抑えられていた力が弱くなり、氷河の流動が加速する可能性がある。

また、接地線の後退は、氷河の一部が大陸から離れて浮いてしまうことを意味する。それまで接触していた基盤から受ける摩擦が無くなり、支えを失ってより自由になった氷は、やはり加速するであろう。

その後報じられたパインアイランド氷河の流動加速は、これらの推測とぴったり整合的であった。そして氷が加速した結果、棚氷だけでなく氷河そのものも薄くなっていることが確認された。つまり、棚氷から内陸へと氷の変化が広がっているのである。

常識を覆す急速な氷床変動

パインアイランド氷河の加速と氷の減少は、「雪が増えて氷床は大きくなるだろう」とのんびり構えていた研究者たちを慌てさせた。私たちを驚かせた理由のひとつは、南極最大の氷河が、想定以上の急激さで変化していたからだ。

研究者たちは、巨大な南極氷床の変動はゆっくりしており、目に見える変化が生じるには一〇〇年スケールの時間が必要だと考えていた。ところが最新の観測結果は、一〇年も経たないうちに氷河の流出が数十パーセントも変化し、氷が数十メートルも失われることを示している。

さらに、パインアイランド氷河の報告で注目されたのは、西南極氷床の不安定性である。西南極では、その広い範囲で氷の底面が海水面よりもずっと低い位置にある（口絵I下）。パインアイランド氷河はまさにそのような地域にあり、接地線から上流一〇〇キロメートル以上にわたって、氷河底面の標高はマイナス一〇〇〇メートル以下となっている。

氷が水に浮く性質を考えれば、深く海水に浸かった氷床が不安定であることは想像にたやすい。氷が水深に対して一定以上の厚さを持っていないと、大陸基盤から浮き上がってしまい、極めて急速に氷床が崩壊する危険性がある。基盤が海水面より低ければ低いほど、浮き上がらないためにより厚い氷が必要となる。

南極氷床の「泣きどころ」

西南極における氷床の脆弱性は、人為起源の温暖化がもたらす危機のひとつとして、すでに一九七〇年代に指摘されていた。第一章の氷床の地図をもう一度見てほしい。西南極はそれなりに立派な形をしているようにも見えるが、広大な面積を持つロス棚氷とフィルヒナー・ロンネ棚氷を除いて考えると、東南極と南極半島をつなぐ細い氷の橋のようなものである（口絵I上、図1－5上）。さらにその氷のほとんどが海水面より低い大陸基盤にのっており、氷が無くなれば陸地はほとんど残らない（図1－5下）。

このような地形をいわば無理やり氷が埋めて形を保っている西南極は、南極氷床の「泣きどころ（weak underbelly）」と呼ばれた。早い段階からそのような認識はあったものの、西南極氷床の崩壊を近い将来起こりうる現実として考える研究者は少なかった。

そのような背景もあって、パインアイランド氷河における一連の観測結果は警鐘として大きなインパクトを持っていた。以来、南極氷床の沿岸部での研究観測は急展開を見せる。

周辺の氷河でも研究が進められた結果、アムンゼン海に面する氷床流域（Amundsen Sea Embayment）に位置する他の氷河でも、流動加速、氷厚減少、接地線の後退が明らかになった。パインアイランド氷河の隣を流れるスウェイツ氷河（口絵Ⅰ）は、その末端部の棚氷が幅広く海に張り出している。この氷河も年間数キロメートルという速い速度で流れていたが、二〇〇六～二〇一三年のあいだにさらに加速して、その接地線は一〇キロメートル以上後退した。

その他いくつかの氷河を含めて、アムンゼン海に流れ込む氷は、西南極から流出する氷全量の約三分の一を占めている。その流出総量が一九七三～二〇一四年の約四〇年間で一・八倍に増加したというのだ。

海中に溺れる氷河

アムンゼン海に面する氷河は、ほぼ全域で基盤標高がマイナス数百～一〇〇〇メートル。氷

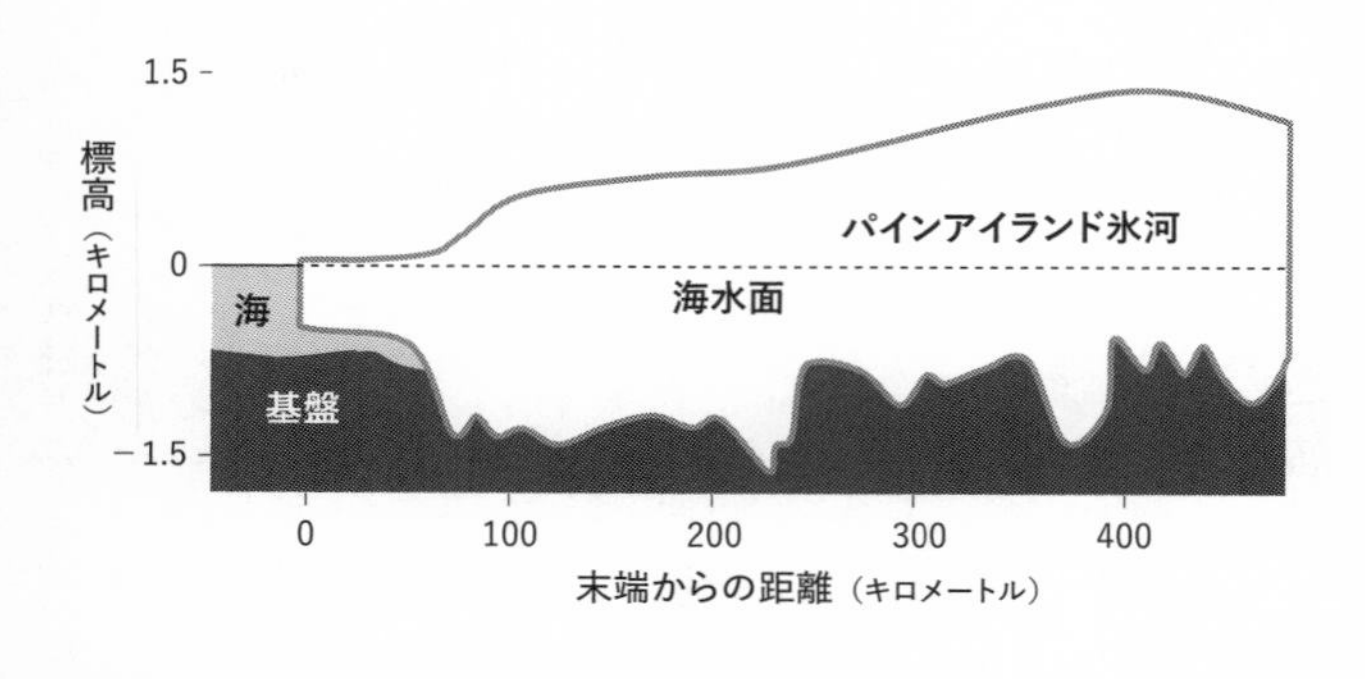

図3-4　パインアイランド氷河の断面図（Shepherd et al., 2001）。基盤が内陸でより低くなっている

の約半分が海水面よりも下にある（口絵I下）。氷の埋め立て地のようなものである。さらに重要なことに、基盤の高さが内陸に向かって深くなっている。通常の氷河は高い山から低地へ流れ下る。しかしここでは、深い盆地状の海底地形から氷があふれてきて、盛り上がった基盤に乗り上げているのだ。たとえばパインアイランド氷河の基盤は、接地線付近では海面下一〇〇〇メートル。そこから上流に向かって低くなっており、最も深い場所では海面下一五〇〇メートルまでえぐれている（図3-4）。そのような氷河が後退を始めると、後退が加速の原因となり、加速がまた後退を招く。変化が原因に働きかけて、結果的にさらに大きな変化をもたらす、いわゆる「正のフィードバック」が作用して、後退と加速が止まらなくなる可能性がある。

パインアイランド氷河とスウェイツ氷河ではすでにそのような作用が始まっており、「ティッピングポイント（tipping point：臨界点）を超えた」との表現がしばしば使われる。このフィードバックのメカニズムは氷床の将来を占う上で非常に重要であり、第5章でもう一度詳しく紹介する（図5-9）。

東南極に見出された脆弱性

基盤標高の低い西南極と比較して、東南極では大陸基盤が海水面よりも高いので、氷床がより安定していると考えられる。しかしながら例外もあり、ウィルクスランドと呼ばれるオーストラリアの対岸にあたる地域では、沿岸から内陸に向かって一〇〇〇キロメートル以上も、マイナスの基盤標高が広がっている（口絵I）。この地域の研究によって、西南極とよく似た氷河の異変が東南極でも起きていることが示された。

ウィルクスランドに位置するトッテン氷河は、東南極で最大の流出量を誇り、その面積は日本の一・四倍に達する（口絵I）。氷の厚さは接地線で二〇〇〇メートル。その先は、厚さ一〇〇〇メートル以上の棚氷が、長さ一三〇キロメートルにわたって海まで続いている。この氷河でも、二〇〇〇～二〇〇七年にかけて氷の流出が二〇パーセント増加し、接地線の後退、氷厚減少が報告された。この変化は、今のところ西南極の氷河よりも小さい。しかしながら巨大なトッテン氷河が完全に融ければ、海水準の上昇は四メートル近くに達する。

また、つい最近になって、トッテン氷河の周辺で同じような氷河変動の兆候が捉えられた。

トッテン氷河のすぐとなりに位置するデンマン氷河（口絵I）は、その底面が一番深いところでマイナス三〇〇〇メートルを超えており、南極で最も基盤標高が低い場所と考えられている。氷床表面の最高地点が約四〇〇〇メートルだから、それと同じくらい深くまで、氷が基盤の凹みを埋めているわけである。

デンマン氷河でも、過去数十年のあいだに接地線の後退と氷流出の加速が認められた。デンマン氷河の基盤地形は、パインアイランド氷河と同様に上流に向かって深くなっており、将来的に西南極と同じ不安定性が懸念される。

目を覚ます「眠れる氷の巨人」

トッテン氷河とデンマン氷河が位置する地域は、オーロラ氷底盆地（Aurora Subglacial Basin）と呼ばれている。「氷底盆地」という名前の通り、海水面より低く位置する深くえぐれた基盤地形が内陸まで広がる地域だ（口絵I下）。隣接するウィルクス氷底盆地も同じような地形になっていて、この地域から流れ出る氷河の急変が心配されている。

その不安を裏づけるかのように、氷床の近くで採取した海底堆積物の解析や、氷床数値モデルを使ったシミュレーションによって、過去にこの地域の氷が大きく失われた可能性が指摘されるようになった。

東南極の氷が全て融ければ、海水準は五二メートル上昇する。この数字は、西南極氷床の五メートルとは比較にならない。「眠れる氷の巨人」とも呼ばれる東南極氷床は、その一部で不気味な変化を見せ始めている。

4 南極半島ラーセン棚氷の崩壊

前代未聞の棚氷崩壊

西南極氷床で氷河の加速と氷の減少が報じられたころ、南極半島でも前代未聞の異変が起きていた。二〇〇二年に発生した、ラーセンB棚氷の崩壊である。

ラーセン棚氷は、南極半島の東側を縁取る大きな棚氷である（口絵I上）。半島の背骨ともいえる険しい山々は降雪量が多く、そこから流れ下る氷河の供給を受けて、氷が幅広く海に張り出している。このうちラーセンBと呼ばれる部分は、一九八〇年代には一万一五〇〇平方キロメートルと、東京都のほぼ五倍の面積を持っていた。その後、棚氷の面積は徐々に減少し、二〇〇〇年までに約四〇パーセントが失われた。

そして二〇〇二年二月、観測史上最大の崩壊が起きた（図3-5）。氷の縁から細長い氷山

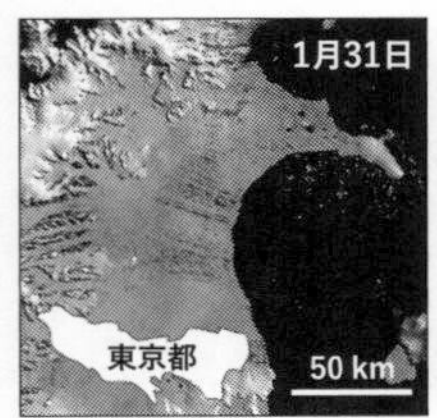

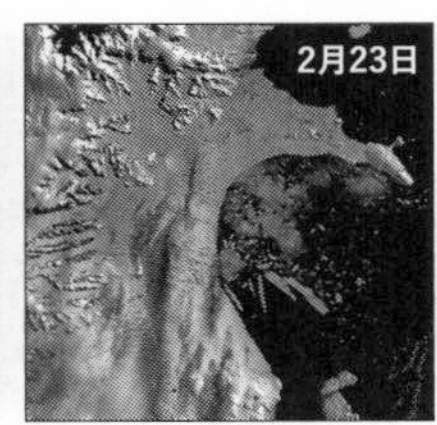

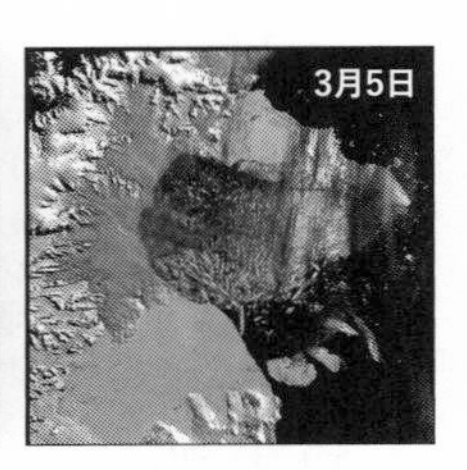

図3-5　2002年に発生したラーセンB棚氷崩壊（NASA）

が切り離されるのに続いて、わずか数日のうちに東京都の一・五倍に相当する棚氷が失われたのだ。氷の厚さは約二〇〇メートル。海や湖に張った薄い氷が砕けるのとは訳が違う。人工衛星の画像を見ると、棚氷の縁から徐々に氷山が離れていったのではないようだ。数十キロメートルにわたる棚氷が細かいブロックに分離した後、ドミノ倒しのように海に向かって押し出されているように見える。

南極半島の棚氷はすでに二〇世紀のうちから縮小傾向にあり、半島のあちこちで棚氷の面積が減少していた。ラーセンB棚氷の崩壊に先立つ一九九五年、そのすぐ北側に位置するラーセンA棚氷が、数週間のうちに半分以上の面積を失った。これは人類が初めて目にした大規模な棚氷崩壊イベントであった。これに続いて発生したラーセンB棚氷の崩壊はそれ以上の規模で、人工衛星によって鮮明に捉えられた衝撃的な画像が世界を驚かせた。さらに二〇〇八年には、半島の反対側（西側）に張り出したウィルキンス棚氷でも大きな崩壊が起きている。

融け水が棚氷を砕く

南極半島は南極としては気温が高く、例外的に温暖化が目に見えて進む地域である。その影響を受けて、棚氷の表面で雪と氷の融解が進み、融け水が氷の凹みやクレバスに流れ込んで、たくさんの水たまりをつくるようになった。このようにして増えた水たまりが、崩壊直前の棚氷を覆っている様子が観察されている。

この水が内部に深く浸透して氷を破壊し、その結果として棚氷が崩壊した、との仮説が注目を集めた。水は氷よりも密度が高いので、氷の割れ目に流れ込んだ水の圧力で、割れ目がより深く押し広げられる可能性がある。

南極氷床の表面はほとんど融けないので、大気の温暖化が氷床に与える影響は比較的小さいと考えられてきた。しかしながらこの一般的理解は、少なくとも南極半島の棚氷には当てはまらない。また将来の気温上昇によって、より緯度の高い西南極や東南極でも、氷の融解と棚氷の崩壊が起きることも考えられる。

支えを失った氷河の加速

南極半島における棚氷の崩壊は、いかに短い時間スケールで氷床が変化しうるか、私たちの認識を新たにさせた。しかしながら、棚氷が融解しても海水準は変化しない。氷によって押しのけられていた海のスペースが、融け水によって満たされるだけだ。棚氷消失の影響としてむ

図 3-6　ラーセン B 棚氷の崩壊後に加速した氷河（Google Earth）

しろ重要だったのは、続いて確認された氷河の加速である。「棚氷が内陸の氷をせき止める役割を果たしている」との理論を検証するのに、ラーセンB棚氷の崩壊はまたとない機会となった。

ラーセンB棚氷が崩壊した後の氷河の反応は、迅速かつ大きなものであった（図3-6）。以前は棚氷に接続していた氷河が直接海に流出するようになり、イベントの前後で氷の速度が二〜三倍に増加した。中には一〇倍近く加速した氷河もある。同時に氷の減少を示す標高低下が観測され、崩壊から一年のあいだに失われた氷は厚さ五〇メートルにも達した。この地域の氷河はその後も加速状態を保っており、一〇年以上経過した後もその影響が続いている。

ここで重要なのは、氷河の加速、すなわち氷床から海への氷流出が、棚氷崩壊に続いてすぐに増加した点である。まるで浴槽の栓を抜いたかのように、陸上の氷河が海へ流れ出した。このことから棚氷の役割が明瞭になった。南極周縁の四分の三を占める棚氷が、陸の上の氷を押しとどめているのである。

南極半島全域で棚氷の変化をまとめた研究では、一九五〇年代以降にその面積が約二〇パーセント減少したとされる。さらに残った棚氷についても、その将来が憂慮されている。たとえば、消失したラーセンA・B棚氷の南側には、半島最大の棚氷ラーセンCがまだ残っている。二〇一七年と二〇二一年に、この棚氷からも巨大な氷山が分離したため、残った氷の行く末に大きな注目が集まっている。今後、私たちはさらに大きな崩壊イベントを目撃することになるかもしれない。

5 棚氷の底で起きていること

異変のはじまり

ここまでに述べた氷床変動について箇条書きでまとめてみよう。

①最新の観測技術によって、南極氷床で氷が減っていることがわかった。一年で失われる氷の量は、氷床全体の一〇万分の一よりも小さい。しかしながら、この量は観測精度よりも十分に大きく、明らかな変化が始まっている。

②この変化は氷床全体で同じように起きているわけではない。氷の減少は沿岸部で生じており、西南極と南極半島、および東南極の一部に集中している（口絵Ⅲ）。特に大きく氷が失われているのは、流れが速い氷河・氷流である。

③温暖化で氷床表面の融解が増えて、表面質量収支がマイナスになったわけではない。氷河の加速によって海へと排出される氷の量が増えたことが、変化の原因である。加速の原因とメ

カニズムは複雑で地域によって違いもあるが、多くは棚氷の変化が引き金となっている。

④氷の減り方が激しい地域に共通しているのは、棚氷の縮小である。棚氷が薄くなり、面積が減少し、場合によっては崩壊する。そのようなプロセスを受けて接地線が後退し、内陸の氷河が加速している。

海による浸食

これらの研究結果から、棚氷が氷床変動の焦点であることが判明し、多くの研究者の精力が注がれるようになった。棚氷に着目したのは氷河の研究者ばかりではない。ほぼ同時に海洋研究者も、海が棚氷に与える影響、またその反対に氷床融解が海に与える影響の重要性に気がついた。氷床と海洋の境界ともいえる棚氷を知るためには、氷と海の両方からのアプローチが必要となる。氷河研究者が観測船に乗り、海洋研究者が棚氷に孔をあけて、研究分野をまたいだ共同研究が行われるようになった。その結果明らかになったのは、海の熱によって浸食される棚氷の実態であった。

棚氷は、内陸からの氷の流入、カービング、底面融解、および表面質量収支のバランスで保たれている（図2－6）。棚氷を専門とする研究者は、二一世紀に入る前から底面融解の重要性を認識していたものの、融解量の測定と、融解をつかさどるプロセスの理解には時間がかかった。それはそもそも棚氷の下を直接測定することが難しかったからである。南極でも特に大きな棚氷、ロス棚氷とフィルヒナー・ロンネ棚氷で研究が先行したが、底面融解が比較的小さいこれらの地域では棚氷の大きな変化を示すデータは報告されなかった。このころはまだ、より詳しい研究に力を注ぐには動機づけが弱かったといえる。

その後、氷の表面標高と流動速度が人工衛星によって測定されるようになり、それらのデータを駆使して棚氷の底面融解の量が間接的に求められるようになった。棚氷の変動を担う四つの成分のうち、氷の流入とカービングを人工衛星から測定し、領域気象モデルによって表面質量収支を計算できれば、それらの残差として底面融解が計算できる。棚氷を小さな面積に分けてこの計算を行えば、どこで底面が融けているのかもわかる。二〇〇二年にこの手法を用いた先駆的な研究が報告され、いくつかの重要な結果が示された。

まず、パインアイランドやスウェイツを含む流れの速い大きな氷河では、その末端にある棚氷の裏側で年間四〇メートルに達する厚さの氷が融けている。棚氷のどこでも同じだけ融けているのではない。特に激しい融解が起きているのは、棚氷の内陸側、接地線の近くである。さらに、各地の棚氷で推定された底面融解量を、その近くの海で測定された水温と比較すると、両者に関係性が見つかった。比較的水温が高い海の近くほど融解が大きく、〇・一度の温度上昇に対して、底面融解が年間一メートル大きくなるというのだ。

これらの結果は、棚氷の底面でそれまでの想定よりもずっと激しい融解が起きており、その

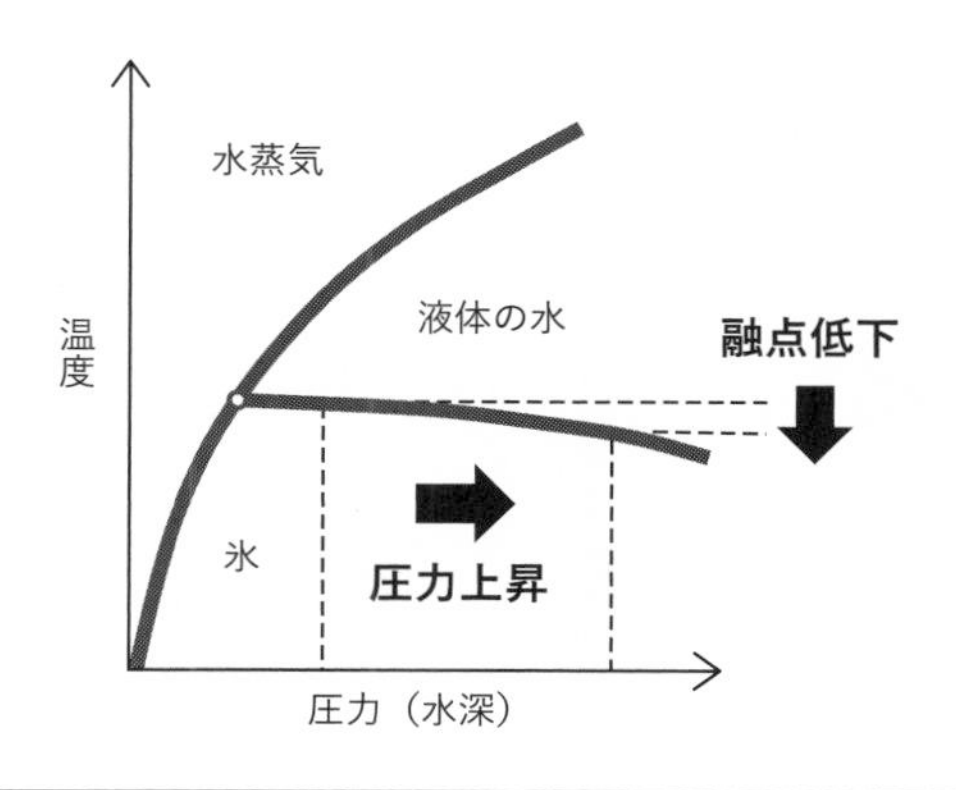

図3-7　水の状態相図。圧力が上昇すると、氷と液体の水との境界、つまり融解温度が低下する。同僚の海洋研究者は「結氷温度」と呼んで譲らないが、氷河研究者である私には「融解温度」だ。もちろん、どちらも同じ温度である

度合いは海洋環境に強く影響を受けることを示唆していた。

アイス・ポンプ

やがて、人工衛星による測定、棚氷や海洋での観測、数値モデルを使って、棚氷に関する研究が盛んに行われるようになった。その結果、それまで断片的な知識から想像されていた棚氷融解の重要なメカニズムが、南極各地で検証されることになる。そのメカニズムとは以下のようなものである。

まず前提として、棚氷の奥まった場所、すなわち接地線の近くでは棚氷が融けやすい。なぜならば、接地線付近の氷はより深い場所で海水と接しており、そのような圧力の高い場所ではより低い温度で氷が融けるためである。氷に圧力をかけると、融点

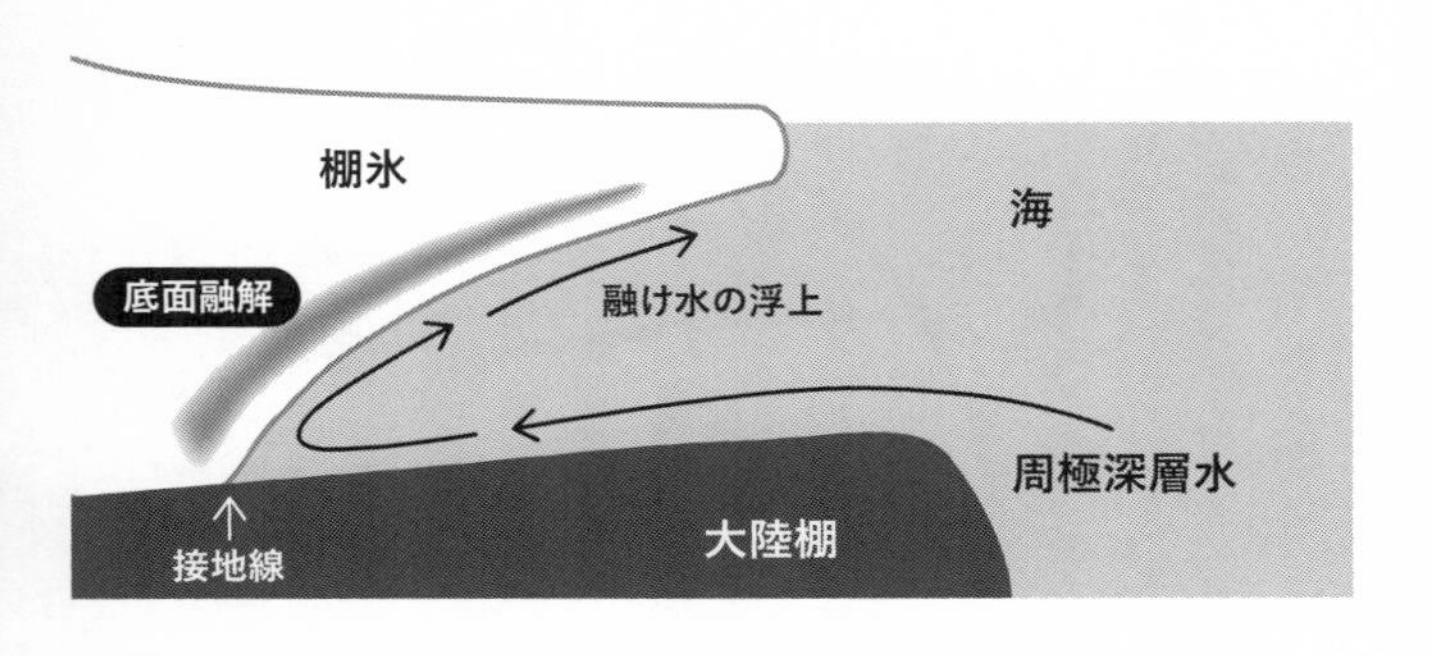

図 3-8　棚氷下の循環（アイス・ポンプ）と底面融解のメカニズム

が低くなる、つまり低い温度で氷が融けるようになる（図3－7）。〇度より冷たい冷凍庫の中でも、圧力をかければ氷は融け始めるのである。この話はかなり面倒だが、重要なので詳しく説明する。

水深一〇〇メートルに相当する水圧下では、大気圧下よりも〇・〇八度低い温度で氷が水になる。それに加えて、海水中にある氷は、真水に浸かった氷よりも融点が低い（真水よりも海水のほうが凍結温度が低い）。大気圧における氷の融点は、海水の中ではマイナス一・八度である。それが水深一〇〇メートルの海水中ではマイナス一・九度、水深一〇〇〇メートルではマイナス二・六度となる。

次に、棚氷の根元で氷が融けると、その融け水がどうなるか。融け水は淡水なので海水よりも軽い。したがって、傾いた氷の底面に沿って棚氷の先端に向かって浮上する（図3－8）。すると、接地線付近には外洋から海水が呼び込まれることになる。この海水が棚氷を融かせば、融け水が浮上することでまた次の海水が呼び込まれる。これは「アイス・ポンプ」と呼ばれるプロセスで、氷の融解がきっかけとなって、棚氷下の海水が循環するメカニズムである（図3－8）。棚氷の下が冷たい水でよどんでしまえば、氷の融解はストップする。そうならないように、常に外洋から海水を引き込むこのポンプの働きは重要である。

「暖かい」海水の流入

さらに重要なのは、棚氷の下に入ってくる海水の温度である。水温が高ければより多くの融け水が生まれて、より強い循環と融解が生じるはずだ。もちろん南極なので海は基本的に冷たい。しかしながら、たとえばマイナス二度の融解温度に対して、海水がマイナス一度かプラス一度かで棚氷の融解量は大違いである。融解点に対する海水の温度差が融解のエネルギーとなるので、水温が一度、あるいは二度違えば、融解量は二倍、三倍にもなる。実際、棚氷下に流入する海水の温度は地域によって大きく異なり、アムンゼン海に面する棚氷には、氷の融解温度より約三度も高い、南極としては比較的「暖かい」海水が流れ込んでいることがわかっている。

この暖水（といっても水温はプラス一～二度なので、他分野の研究者にはよく失笑される）は、「周極深層水」（Circumpolar Deep Water）と呼ばれており、南極を取り巻くように約三〇〇メートルよりも深い場所に分布している（図4－8にて後述する）。南極大陸の周りには、比較的浅い（水深数百メートル）大陸棚と呼ばれる海底地形が張り出しているが、西南極ではこの大陸棚まで周極深層水が押し寄せて、棚氷の下に流れ込んでいるのだ（図3－8）。

このような暖水の流入はどこでも起きているわけではない。たとえば棚氷のすぐ前にある海が盛んに凍って、海氷がたくさんつくられる地域がある。このような地域では、海水が凍るときに吐き出される塩分をたっぷり含んだ密度の高い水が、その重みで棚氷の下に潜り込む。こうした海水は「高密度陸棚水」（Dense Shelf Water）と呼ばれる。海水が凍るときに生まれるので非常に冷たく、棚氷に触れても融ける氷は少ない。わずかな融け水が棚氷の裏側に沿って浮上するものの、水深が浅くなるにつれて氷の融解温度が上がるため、水温が融点を下回って、海水が棚氷の下で凍りついてしまう場所もある。そのような場所では、棚氷の底面が「涵養」されていることになる。

たとえばロス棚氷やフィルヒナー・ロンネ棚氷などの巨大な棚氷では、そのような再凍結が広い範囲で確認されており、棚氷全体を平均した底面融解は比較的小さい。氷床変動の研究対象として重要視されているのは、必ずしも大きな棚氷ではないのである。

明かされた底面融解の実態

このような基本的な知見にもとづいて、二一世紀に入ってさまざまな研究が南極の各地で展開された。注目の的であったパインアイランド氷河では、氷河の前で集中的な海洋観測が実施された他、新しく開発された無人潜水艇によって、約六〇キロメートルにわたって棚氷下の海洋環境が測定された。潜水艇の制御が困難な棚氷の下で、このような測定が実現するのは画期的なことである。

同じくパインアイランド氷河で、厚さ五〇〇メートルに達する棚氷に掘削孔を開けて底面融解が測定された。結果、その地点では年間二〇メートルあまりの激しい融解が明らかになった。しかしながら驚くことに、数百メートル離れた別の掘削孔で測定すると、その底面ではほとんど氷が融けておらず、融解の度合いが場所によって大きく異なることも判明した。

また長いあいだ困難だった底面融解の測定にも技術の革新があり、電波の反射を使った特殊な装置によって、氷を掘削しなくても精度の高い測定が可能になってきた。この装置を使って、各地の棚氷で融解量の測定が進んでいる。

そして前述の通り、二〇一三年には人工衛星データの解析によって、南極全域の棚氷での底面融解が明らかとなった（図3-9）。地域によってばらつきはあるものの、全ての棚氷をならしてみると、カービングとほぼ同じ量の氷が底面融解によって失われている。

棚氷の裏側がカービングと同じくらい融けているとの報告に、「やっぱりそうだったか、しかしそれにしても融解が大きいな……」と感じた研究者は多かったと思う。すでに触れた通り、アムンゼン湾に面するパインアイランド氷河やスウェイツ氷河、オーロラ氷底盆地から流出するトッテン氷河やデンマン氷河、また南極半島の西側で激しい融解が測定された。また日本の

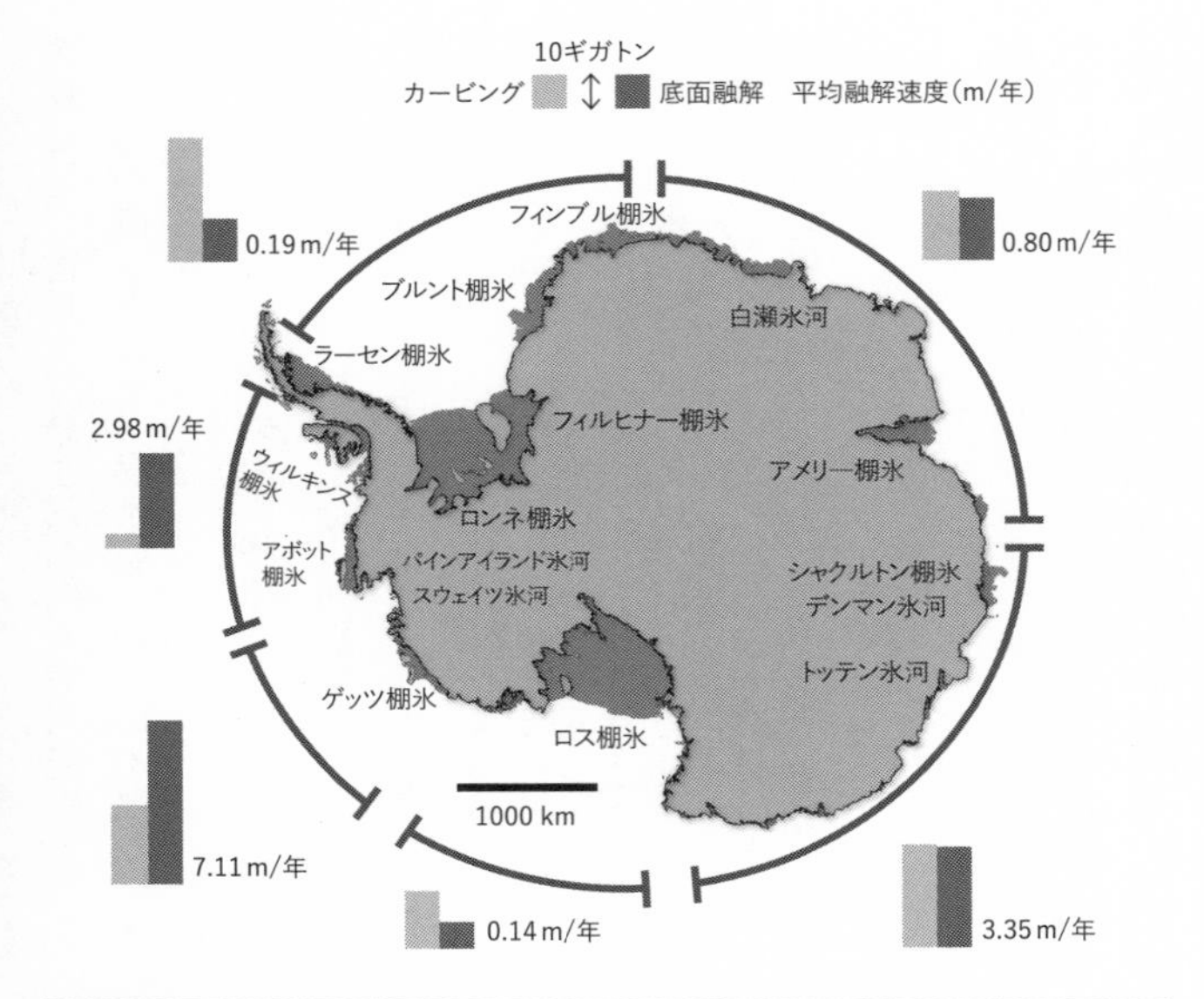

図3-9 各地域の棚氷におけるカービング量と底面融解量。薄灰・濃灰色の棒グラフはカービング・底面融解によって1年間に失われる氷総量。数字は平均融解速度を示す（データ：Depoorter et al., 2013）

昭和基地の近傍にある白瀬氷河でも年間一〇メートルを超える大きな底面融解が報告されている。

さらに、精度を増した衛星高度計の測定によって、激しく融けている棚氷がより急速に薄くなっている傾向が示された。底面融解が大きな棚氷は、上流からより多くの氷が流入することでバランスを保っているはずである。だから棚氷の氷厚減少は、そのバランスが崩れていることを意味する。氷河の加速で棚氷への氷流入が増えていることを勘案すれば、それ以上に底面融解が増加しているとしか考えられない。

その後、さらなる研究によって、棚氷融解の実態と原因が明らかになっていく。南極を取り巻く海水の温度は、数十年という時間スケールで上昇傾向にあり、海の熱が棚氷を浸食しているのだ。さらに、大気の状態、特に風が強くなることによって、棚氷の下へ周極深層水がより強く流れ込んでいる。これらの知見は、最新の観測と長期的なデータの蓄積に加えて、大気と海洋の両方を考慮した数値シミュレーションによってもたらされたものである。特に気候と海洋の結びつきが明らかになるにつれて、大気・海洋データを使ったシミュレーションにより、過去と将来の棚氷融解が推定されるようになった。今起きている棚氷の融解を深く理解することで、過去の復元と将来の予測にまで研究が広がりつつあるのだ。

加速する氷床融解

以上、本章では南極氷床の変動に関する最新の知見を紹介した。

二一世紀に入ってからの平均値として、氷床は毎年約一〇〇ギガトンの割合で氷を失っている。この量は氷床全体の二五万分の一、海水準に直せば〇・三ミリメートルに相当する。変化の主な原因は、一部の氷河が加速して、海に流出する氷が増えたからである。そのような氷河の異変は、西南極のアムンゼン海に面した氷河、南極半島、東南極のウィルクスランドの氷河で認められている。

氷河が加速した理由は棚氷にある。海洋の温暖化と循環の変化によって、底面融解が増加している。その結果、棚氷が薄くなって接地線が後退し、内陸の氷を押しとどめる力が弱くなったのだ。

現在のところ、南極氷床が失う氷の量は、グリーンランド氷床の半分程度である。南極にはグリーンランドの九倍の氷があることを考えると、まだそれほど深刻ではないように感じる。しかしながら、今後この変化が加速する可能性もある。南極氷床が大きく変化すると、地球には何が起きるのだろうか。次章では、南極氷床が地球環境に果たす役割を確認し、氷床融解のインパクトについて考えてみよう。

コラム3

南極半島リビングストン島

南極半島は、南極にあってそれ以外の地域とは自然環境が大きく異なる。半島の先端は南緯六三度。北半球でいえば北欧のノルウェーやスウェーデンと同じ緯度である。海に挟まれているので比較的暖かく、三〇〇〇メートル級の急峻な山々に降る雪の量も多い。南極の中では最も「温暖」で「湿潤」な地域といえる。

比較的アクセスも容易で、各国の基地がたくさん集まっている。南極半島先端のリビングストン島にはスペインの観測拠点ファン・カルロス一世基地があり（図コラム3－1）、二〇一五年にこの島を訪れて氷河を観測した。パタゴニアでの氷河掘削について国際学会で発表したところ、スペインの研究者が、「南極半島で同じ観測ができないか」と誘ってくれたのだ。

リビングストン島は佐渡島と同じくらいの面積で、その約九〇パーセントが氷河に覆われている。荒波で有名なドレイク海峡を三日間で渡り、到着した島の美しさには感激した。二〇〇〇メートル級の山々を雪と氷が覆い、真っ青な海まで氷河が流れ込んでいる。海岸には幾種類ものペンギンが闊歩し、アザラシやゾウアザラシがゴロゴロ寝転んでいる（口絵Ⅳ）。雪と氷

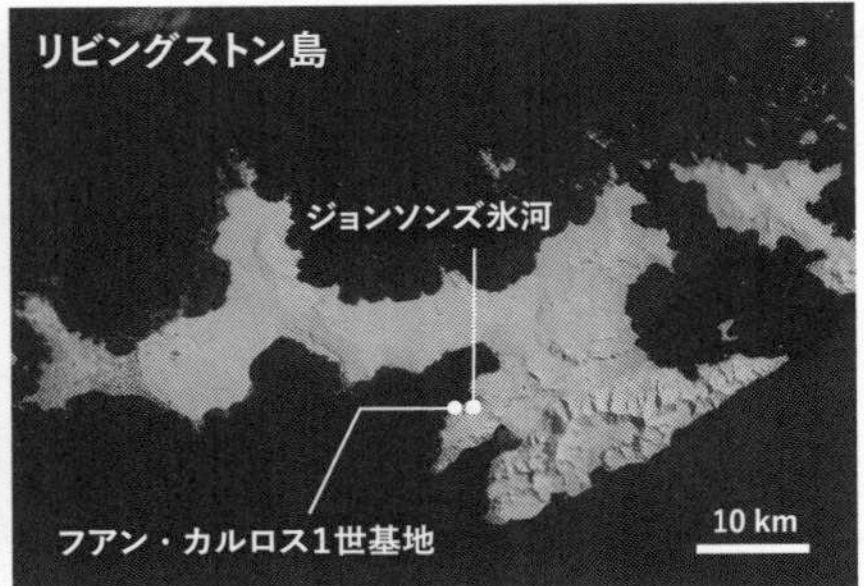

図コラム3-1　（左）南米大陸からドレイク海峡をはさんで約1000キロメートル、リビングストン島は南極半島の先端にある（Google Earth）。（右）リビングストン島のフアン・カルロス1世基地とジョンソンズ氷河の位置（Landsat 衛星画像）

の他は何もない氷床内陸とは大違いで、ある意味「南極らしい」景色が広がっていた。

私たちは基地のすぐ近くにあるジョンソンズ氷河を掘削して、氷底面の水圧を測定した。雪と氷が比較的よく融ける南極半島で、融け水が氷河の底を滑らせるのかを調べたのだ。その結果、夏になると融け水が氷河の底を潤滑して、氷の流動が加速することが明らかになった。夏の氷河の加速は、アルプスやパタゴニアなどの山岳氷河では一般的である。一方で南極の氷河では珍しい現象で、南極半島の氷河が、山岳氷河と南極氷床の中間的な性質を持つことを示している。また今後氷河の融け水が増えれば、海へ流出する氷が加速する可能性がある。

南米大陸パタゴニアから、南極半島、西南極へと、各地域の気候に応じて氷河の性質は少しずつ変化している。このまま温暖化が進めば、南極半島の氷河はパタゴニアの山岳氷河のように、西南極氷床は南極半島の氷河のように、それぞれ性質が変わるだろう。緯度によって異なる氷河の特徴と動向を調べることが、気候変動の影響予測につながるのである。

第四章

南極の異変は私たちに何をもたらすか

氷床融解が地球環境に与えるインパクト

南極氷床が縮小傾向にあるとして、その変化は地球環境にどのような影響をもたらすのであろうか。また、私たちの生活と社会にはどのような影響がおよぶのであろうか。それを知るために、まずは南極氷床が海や大気などの周辺環境とどのように関わり、地球環境の中でどのような役割を果たしているか、大まかに確認することから始めよう。

まず何といっても重要なのが、氷床を取り巻く海との関わりである。氷床は常に融け水と氷山を海へと放出しており、この淡水が海洋に与えている影響は大きい。

人類の生存に直結する海水準への影響はこれまでにも述べた通りだが、氷床が海洋に与える影響は海水準だけではない。冷たい淡水を供給して海水の塩分と温度を変化させることで、地球規模で生じる海の流れをコントロールしているのだ。地球全体を巡る海の循環は、熱を運んで世界各地の気候を決定し、物質の輸送によって生物活動を支えている。すなわち南極氷床は、地球の大動脈ともいえる海洋循環を通じて、気候と生態系に大きな影響力を持っているのである。

次に、大気との関わりである。氷床の表面は年中雪と氷で覆われており、これほど真っ白でなだらかな大陸は他に存在しない。そのうえ南極は極地に位置するので、夏のあいだは二四時間太陽に照らされる一方、冬になれば完全に真っ暗になる。この特殊な環境における雪氷と大気との相互作用は、南極に特別な気候をつくるだけでなく、地球規模の大気循環を生み出している。南極上空における大気の変化が、遠く北半球、日本の気象にまで影響を与えることもあるという。

さらに氷床の底面では、氷と大陸基盤が相互に関わり合っている。基盤を形成する地殻は厚い氷の重みでマントルに押し沈められており、氷の厚さが変われば上下に動く。いわゆるアイソスタシーによる地殻変動についてはすでに触れた通りである。

また氷床底面では、地殻から氷への熱の流れがあり、この熱によって氷が融けている地域がある。そのような場所では、氷が基盤を削りながら流動する。氷床底面はもちろん、南極周辺の海底にも氷に削られた地形が残されており、氷の流動や海洋環境にも影響を与えている。数百万年にわたって氷に覆われ、外界から隔絶されてきた氷床底面は、これまでほとんど探査されたことのない未知の環境であり、その極限環境に適応した特殊な生態系が存在する可能性も指摘されている。

海・大気・陸との相互作用を通じて地球に重要な役割を果たす南極氷床。氷が失われつつある今、融け水はどこへ向かっており、地球環境にどんなインパクトを与えようとしているのだろうか。

1　海水準上昇のゆくえ

二〇世紀に生じた海水準上昇

南極氷床が全て融ければ、五八メートルの海水準上昇を引き起こす。しかし実際のところ、南極の氷は海水準にどの程度の影響を与えているのか。それを探るため、まず二〇世紀以降の一二〇年間における海水準の変動とその原因を見てみよう（図4－1）。

世界各地で蓄積された観測データによって、一九〇〇年から二〇一八年までに海水準が一八センチメートル上昇したことがわかっている。その原因は大きく分けてふたつ。海水が温まっ

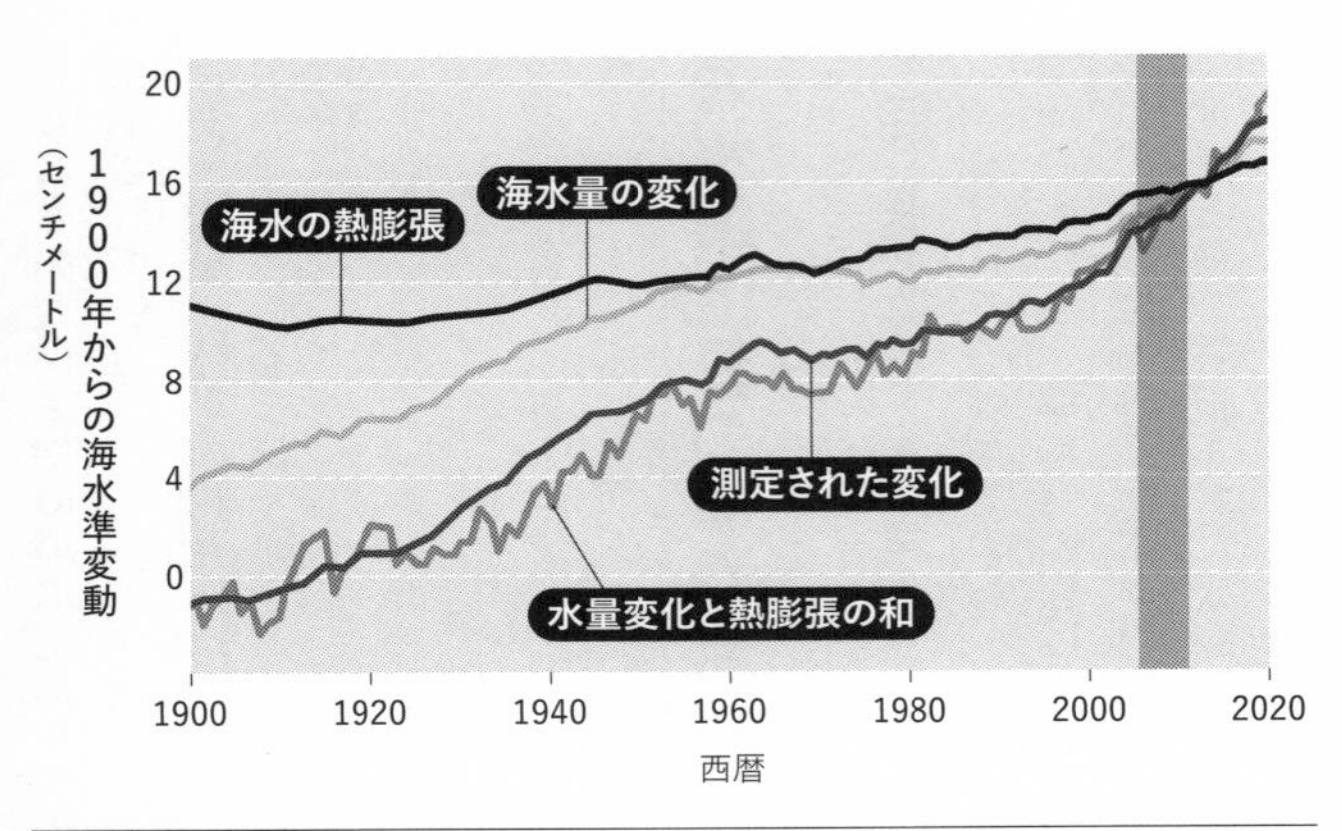

図 4-1 1900年以降に観測された海水準変動と、その原因（Frederikse et al., 2020）。灰色で示した期間（2004～2010年）の詳細な内訳を図4-2に示す

たことによる体積の増加（熱膨張）と、海水量（質量）の増加である。後者の影響がより大きくて、三分の二を占めている。いったい、二〇世紀に海水が増えたのはなぜなのか。

そもそも、海水の量は陸上に貯めこまれた水の量によって変化する。氷河・氷床の変動はその代表である。また、その他の陸水（地下水、湖沼、凍土など）の変化も考慮する必要がある。たとえば、一九六〇～一九八〇年には海水準の上昇が止まったように見えるが（図4－1）、その原因は、世界各地でダムや溜め池がたくさんつくられて、陸上の貯水量が人工的に増えたからと考えられている。

なぜ海水準が上昇しているのか

二〇〇四～二〇一〇年に限って、海水準

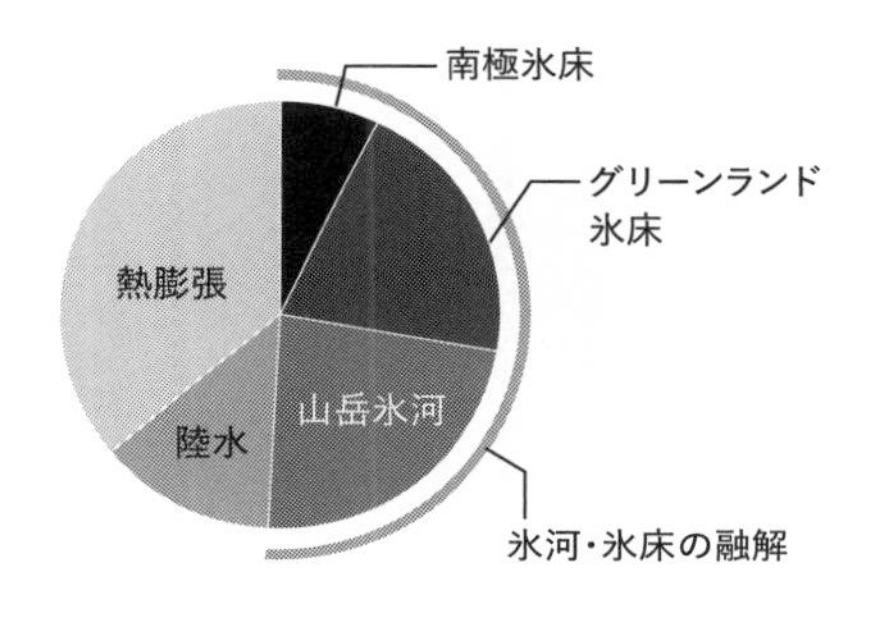

図 4-2　2004～2010年に生じた海水準上昇の原因内訳（AMAP, 2017）

上昇の原因内訳を見てみよう（図4－2）。近年の海水準上昇の約半分が、氷河・氷床の融解によって起きている。

さらに細かく氷河・氷床の内訳を見ると、意外なデータに驚くと思う。南極氷床の影響は、実は一五パーセントしかない。全氷河・氷床の九〇パーセントに相当する南極の氷は、それほど重要ではないのだ。残り八五パーセントを、グリーンランド氷床と山岳氷河が半分ずつ占める形となっている。

氷の量としては一パーセントにも満たない山岳氷河の融解が、現在起きている海水準上昇の四分の一を占めているというのは重要な事実である。ヒマラヤ、アラスカ、パタゴニア、北極圏の各地などに分布する山岳氷河は、温暖化の影響を強く受けて急速に縮小している。またグリーンランド氷床も、二一世紀に入って急激に氷を失っており、海水準への影響は南極氷床の約三倍である。

前章で述べた通り、南極氷床が失っている氷は、海水準に換算して毎年〇・三ミリメートル。この変化量は、山岳氷河やグリーンランド氷床と比較すると格段に小さいのである。

このデータが示すポイントは大きくふたつある。

まずは、山岳氷河がいかに多くの氷を失っているかということである。私たちの研究グループは調査で何度もスイスアルプスやパタゴニアの氷河を訪れているが、見るたびに確実に縮小している。個々の氷河の規模は小さいものの、世界各地の膨大な数の氷河が同様に氷を失っていると考えると、この変化が人間活動にも影響を与える劇的なものであることは想像に難くない。

そしてもうひとつは、こうした変化が南極氷床に起こった場合のインパクトの底知れなさだ。巨大氷床にも急速な変化が起こりうることは、南極氷床よりもひと回り小さなグリーンランド氷床を見れば明らかである。南極では今はまだ小さいものの、徐々に変動が始まっていることは間違いない。その巨大さを考えれば、南極氷床の将来が今後の海水準変動の鍵であることは間違いない。果たしてその変化は、私たちの生活にどの程度の影響を与えるのだろうか。

海水準の上昇で失われる国土

まず、南極の氷がほぼ完全に融解して、海水準が五〇メートル上昇したとする。その結果として海に沈む日本の国土は、総面積の一七パーセントにのぼる（図4－3）。

図 4-3　50 メートルの海水準上昇で失われる陸地（黒色部分）

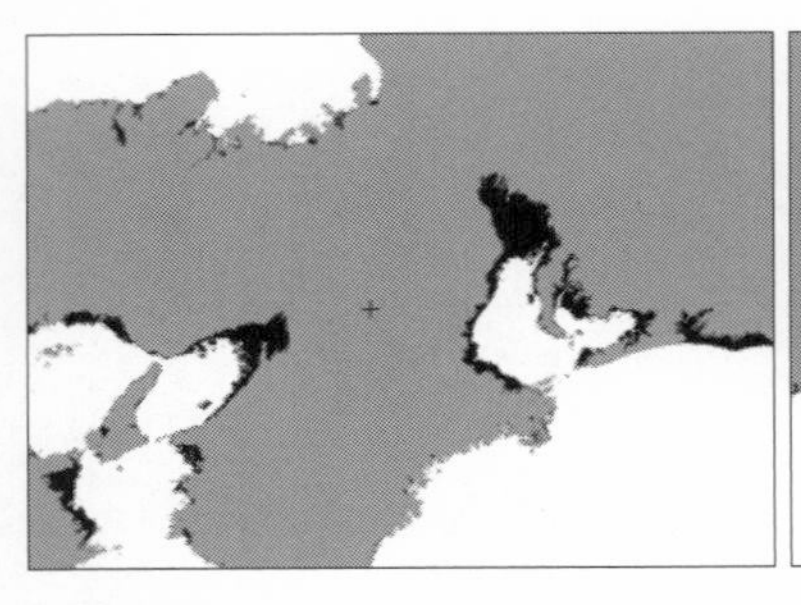
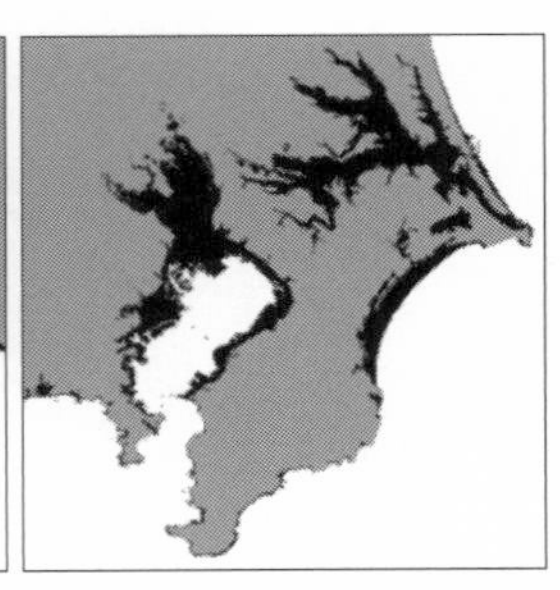

図4-4　5メートルの海水準上昇で失われる陸地（黒色部分）

特に関東平野でその面積が大きく、宮城、東海、関西、九州北部など、人口が多い平野部も海に変わる。また私が住む北海道は、東西でふたつの島にわかれてしまう。これら標高五〇メートル以下の地域には、日本総人口の約七〇パーセントにあたる人々が暮らしていることを忘れてはいけない。

五〇メートルの海面上昇と聞くと、「それはちょっと過激すぎるのでは？」と思われるかもしれない。そこでもう少し控えめな見積もりとして、急速な変化が報告される西南極氷床、その全てが融けて海水準が五メートル上がるとしたらどうなるだろうか。

五メートルでも、そのインパクトは十分に大きい。特に首都圏の東京、神奈川、千葉、また愛知と大阪では、海岸線の近くだけでなく、かなり内陸まで海水が入り込む（図4-4）。関東平野がヒタヒタと海に洗われる光景が想像できるだろうか。標高五メートル以下にある陸地面積は、国土の三パーセントにすぎない。しかしながら、日本の総人口の一六パーセントが集中している。東京に限れば都民の二八パーセント、大阪では三四パーセントの住民の暮らしの場が、海に沈んでしまうのである。

二〇世紀以降に生じたわずか十数センチメートルの海水準上昇でさえ、小さな島国や標高の低い国土を抱える国々に、深刻な影響を与えている。今はまだゆっくりとした南極氷床の融解が、今後数十〜数百年でどのように進むのかは世界が注目する重要な課題である。

氷床の将来変動予測に関しては次章で詳しく検討することにして、ここでは過去の海水準変動を見ておきたい。地球の過去をさかのぼってみれば、五〇メートルの海水準変動は決して荒唐無稽な話ではないことがわかる。

海水準変動の一二万年史

海水面の高さは、海底や陸上の堆積物、サンゴ礁、海岸線の地形などに記録される。これら地球に刻まれたさまざまな痕跡を使って、過去の海水準が復元されている。一〇万年あまりのデータを見ると、その変動の大きさに驚かされる（図4－5）。

一二万年前には今とほぼ同じ高さにあった海水準は、その後上下動を繰り返しながら一〇万年間にわたって低下して、直近の二万年間では一〇〇メートル以上の上昇を示している。毎年一センチメートル以上の速度で上昇している期間もある。

いったいなぜこのような変化が起きたのか。その主な原因は、氷河・氷床の成長と融解であ

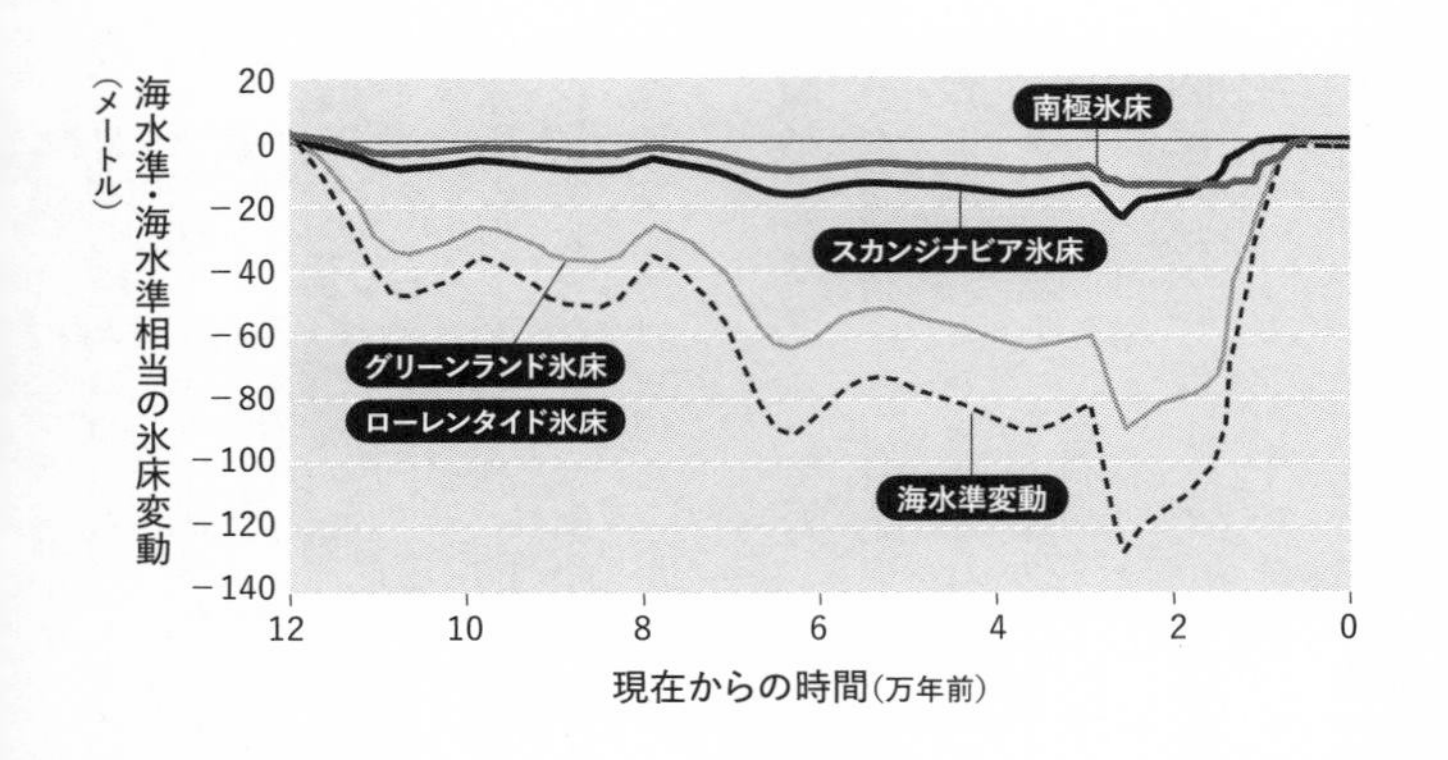

図 4-5　過去 12 万年間の海水準と氷床の変動（Peltier et al., 2018、提供：奥野淳一氏）

る。約一一万年前に氷期が始まって気温が下がり、各地でゆっくりと大きな氷床が成長した。これが一〇万年間にわたる海水準低下の理由である。しかしながら、その後二万年間で起きた急激な気候変動の結果として、氷床の多くが融けて消えてしまった（図1-3）。特に北米を覆ったローレンタイド氷床の融解が激しく、最近二万年間に起きた海水準上昇の三分の二くらいを占めている（図4-5）。同期間に南極氷床でも海水準相当で一〇メートルの氷が失われたとされており、その正確な融解量が盛んに議論されている。

このように激しい氷床変動の原因となったのは、氷期・間氷期の気候変動である。しかしながら今私たちが経験している気候変動は自然のサイクルとは異なる。後で説明するように、地球の歴史に類を見ないものである。

将来の気候が読めない今、将来的に氷床融解が大きく加速する可能性は否定できない。そのときは想像もできない速さで海水準が上昇することを、過去のデータが物語っているのである。

2 海洋大循環の停滞

地球を一周する海の流れ

海水準の変化は、氷床の質量収支がプラスまたはマイナスに振れたときに起きる。しかしながら、たとえ質量収支がゼロ、すなわち氷の出入りがバランスしていても氷の消耗は起きており、氷床からは常に淡水が流出している。どこから、どれだけの淡水が海に入ってくるか、その加減が海水の性質を変えて海洋循環にインパクトを与える。南極を取り巻く海「南大洋」がその主役の一角を担う「海洋大循環」について見てみよう。

図4－6が海洋大循環である。説明すると、日本の東、北太平洋で海底から浮き上がってきた海水は、海面近くを南下してインド洋を西へと周り、大西洋に入って北上する。この北向きの流れは大西洋の北端で強く沈み込み、今度は大西洋の深いところを南へと戻ってくる。南半

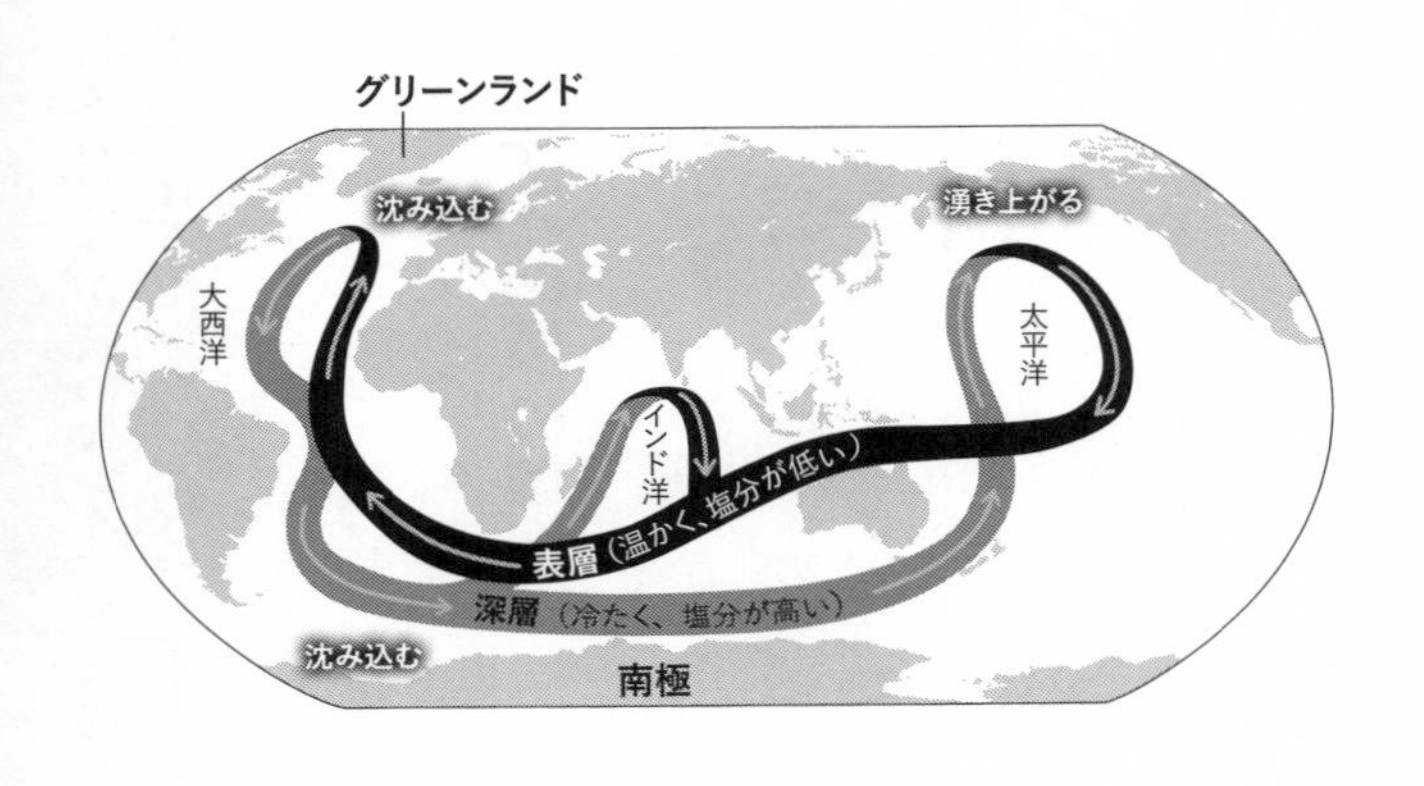

図 4-6　海洋大循環を示す模式図（参考：大島 2010）

球に入ってさらに南下を続けた後に、南極周辺から沈み込んできた海水と合流して、最終的には太平洋の深層に戻ってくる。

海洋のベルトコンベアとも呼ばれるこの流れはゆっくりとしたもので、流れる速さは毎秒一センチメートル程度。ぐるっと地球をひと回りするのに、一〇〇〇～二〇〇〇年という長い時間がかかる。つまり北太平洋では、北大西洋や南極で沈み込んだ海水が久しぶりに海面に顔を出して、数百年振りの深呼吸をしているのである。

この海洋大循環は、地球規模の熱と物質の移動を考える上で重要である。たとえば、日本からも近い北太平洋で湧き上がる海水は、豊富な栄養分を海の深みから海面近くに運んでくる。その結果、この海域の豊かな水産資源、すなわち私たち日本人の食卓を支えている。また、北大西洋の表層を北上するメキシコ湾流は、赤道付近の熱を北半球へと運ぶ役割を果たしている。アメリカ東海岸やヨーロッパ諸国は、比較的高い緯度にありながら暖かく過ごしやすい。たとえばロンドンもパリも、緯度としては札幌よりもずっと北にある。これは他でもない、メキシコ湾流によってもたらされる熱のおかげである。

熱と物質を輸送して地球の気候と生態系を維持する、地球の血流としての役目を果たすのが海洋大循環である。

氷床が融けると循環が弱まる?

この海洋大循環の駆動力となっているのが、温度と塩分の変化によって生じる海水の密度差である。鍋でお湯を沸かせば、加熱された水は密度が下がって軽くなるので浮き上がり、冷たい水は底へ沈む。温度による密度変化で生じる循環である。

海水の場合はさらに、蒸発や淡水の流入で変化する塩分によっても、密度が変わって浮き沈みが起きる。これらの循環メカニズムは「熱塩循環」と呼ばれ、特に海の深い場所における海水の流れをコントロールしている。たとえば氷床から流出する淡水の量が増えれば、海水の塩分が下がって密度が小さくなる。南極でそのような密度変化が起きたとすれば、海洋大循環に大きな影響をおよぼす。

ポイントは、南極周辺の南大洋と、グリーンランド氷床が位置する北大西洋の北部である。

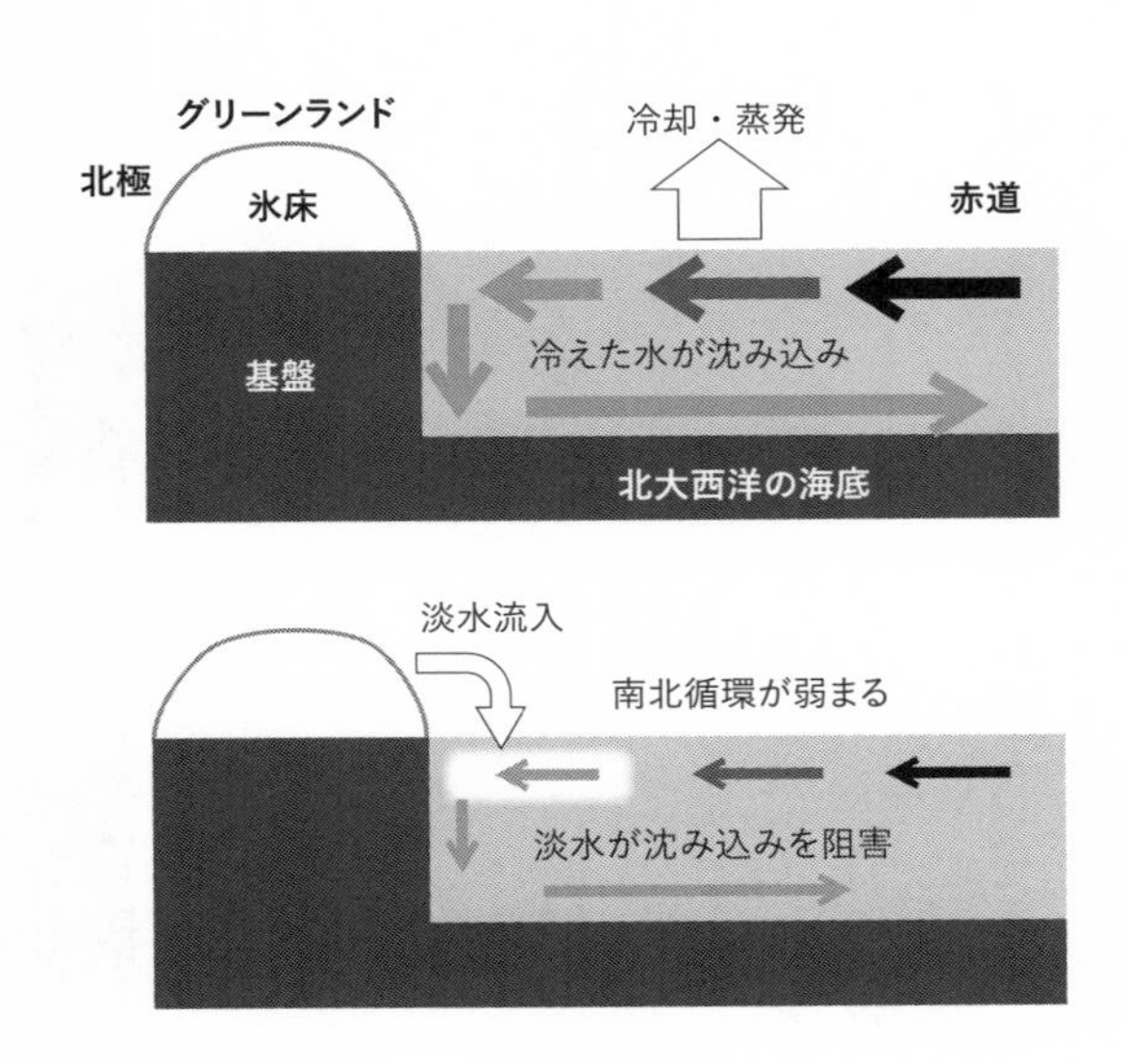

図 4-7　北大西洋の南北循環と、氷床融解による沈み込みと循環の弱まりを示す模式図

この二か所は、地球上で最も盛んに海水が沈み込む海域だ。すなわち、海面近くを流れている表層循環から、海底近くを流れる深層循環へと折り返す場所となる。密度の高い海水が深層へ沈み込むことによって、大循環を駆動するポンプの役割を果たしているのだ。

なぜこれらの海域で海水の密度が高くなるのか。北大西洋の場合、メキシコ湾流が北へ流れるあいだに海水が蒸発して、塩分が徐々に上昇する。この海水がさらに北上して北極域で冷やされることで密度が上がり、グリーンランド氷床の沖で強い沈み込みが起きる（図4－7上）。

一方の南大洋では、海氷の生成が沈み込みの鍵となっている。海の表面が凍るときには、水だけが凍って塩分がはじき出される。塩水を煮詰めれば水が蒸発して塩が濃縮されるが、氷ができるときも同じである。海氷となる水が海から取り除かれるので、塩分の多い、高密度の海水「ブライン」がつくりだされて沈み込んでいく。

これらの沈み込みにおいて、南極氷床もグリーンランド氷床も直接的な役割を果たしているわけではない。しかしながら、海水の塩分は氷床から流れ込む淡水量によって変化する。また海の凍りやすさも、淡水の流入と氷床がつくりだす気象が深く関与している。したがって、氷床は海洋大循環にインパクトを与える可能性を秘めているのだ。その顕著な例として挙げられるのが、氷床融解によって北大西洋の南北循環が弱まり、さらには停止してしまう現象である。

映画「デイ・アフター・トゥモロー」のシナリオ

先に説明したように、北大西洋ではメキシコ湾流が熱を北に向かって輸送している。この表層の流れが行きつく先、大西洋の北端にあたるグリーンランド南東沖で強い沈み込みが起きている（図4－6）。もしこの海域に、氷床の融け水や氷山が大量に流入したらどうなるだろうか。海水の塩分が薄まって密度が下がり、軽くなった海面近くの水は沈み込むことができなくなる（図4－7下）。沈み込みが起きなければ、北上する表層の流れが滞って熱の輸送も止まってしまう。つまり、大西洋の北部は急速に寒冷化する。

出来すぎた話のように聞こえるが、そのような変化が過去に何度も起きたとされている。

今から一一万年前から二万年前にかけて、地球は今よりもずっと冷たい「氷期」であった。当時のグリーンランド氷床は、北米大陸を覆うローレンタイド氷床とつながっていた。この巨大な氷床から周期的に大量の氷山が流出した証拠が、北大西洋の海底堆積物に残っている。そのようなイベントと同期して気温が大きく低下したことが、グリーンランド氷床の氷サンプルに記録されていたのだ。氷床が崩壊した結果、淡水の流入によって北大西洋における沈み込みが弱くなり、急激な寒冷化が起きたと考えられている。

このころの北半球では、数百〜数千年という短い周期で、なんと一〇度にも達する気温の上下動が起きていた。この急激な気候変動のメカニズムは未だ完全に解明されていないが、氷床崩壊と北大西洋の海洋循環が鍵であったことは間違いない。

「デイ・アフター・トゥモロー」という映画をご存じだろうか。二〇〇四年に公開されたこのアメリカ映画では、地球温暖化の末に北大西洋の南北循環がストップして、地球が急速に寒冷化する様子が描かれた。冒頭には南極で棚氷が崩壊するシーンがあり、二〇〇二年に崩壊したラーセンB棚氷がそのモチーフとなっている。映画の中では数週間のうちにマンハッタンが氷漬けになっていて、さすがにやりすぎの感はぬぐえない。しかしながら、「海洋循環が止まって北向きの熱輸送が滞ったら」というシナリオは、科学的知見を考慮したものであった。

南極を取り巻く南大洋の循環

北半球の海洋循環に、氷床が重要なのはわかってもらえたと思う。それでは、肝心の南極はどうか。

南極を取り巻く南大洋の循環は、北大西洋よりも三次元的でスケールが大きい。その理由は、南大洋が南極大陸を取り囲んでおり、このドーナツ状の海が世界の三大洋である太平洋、大西洋、インド洋それぞれとつながっているからである。地球を一周する形で広がる海、しかも世界の大洋とリンクしているのは、南大洋だけである。

この南大洋の循環を、南極を時計回りに周回する流れと、三つの大洋とつながった南北方向の流れが特徴づけている。世界の大洋を東西と南北に結び、さらに表層と深層をつなぐ役目を果たしているのだ。

このうち南極を周回する流れは「南極周極流」と呼ばれ、南極をそれ以外の地域から隔離している（図4－8）。また周極流の上空には、同じ方向に強い偏西風が吹いているので、その内側にある南極付近の大気も、中低緯度域から切り離されている。南極に特別な気候や生物種が保たれているのは、これら海と大気のバリアがひとつの理由である。

次に南極周極流と直交するように、経線に沿って縦に切った海の断面を見てみよう（図4－8）。今度は南北方向の海洋循環と、平均四〇〇〇メートルに達する深い海の内部構造が確認

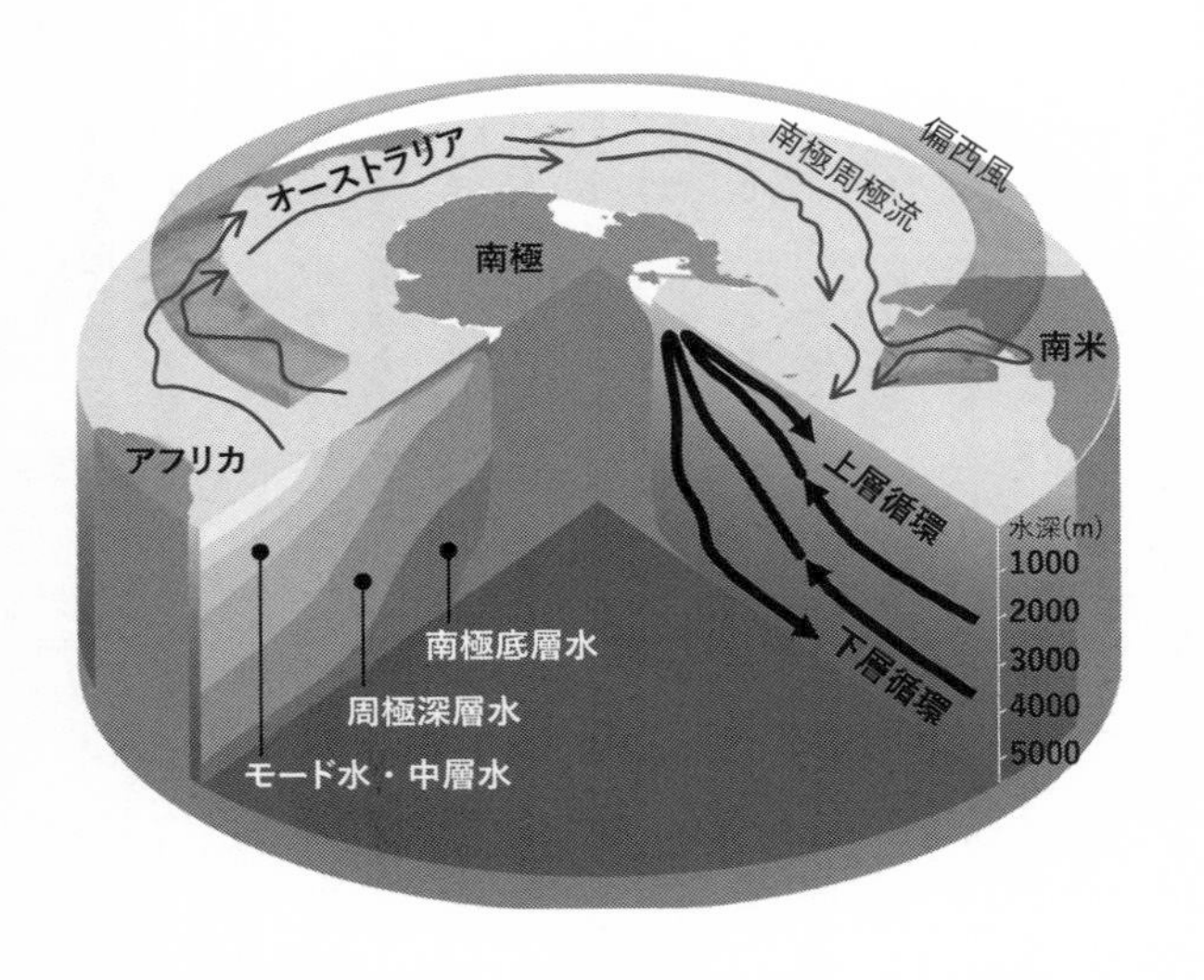

図 4-8　南大洋における海洋循環を示す模式図（IPCC, 2019 を修正）

できる。中低緯度の深い海から、南極沿岸に向かって上昇してくるのが「周極深層水」である。

前章で触れたこの言葉を覚えているだろうか。そう、棚氷の下に流入して氷を融かす「暖かい」海水である。この周極深層水は、南極周極流の深いほうの半分を占めており、風の力を借りて南極沿岸の海面近くまで上がってくる。その一部がアイス・ポンプによって棚氷の下に引き込まれて、氷の底面を融かすのである（図3－8）。また、沿岸で上層と下層の二手に分かれて鉛直方向の循環を引き起こす。

それら鉛直循環のひとつである「上層循環」は、南極沿岸に到達した周極深層水に、海氷や棚氷の融け水が混ざり込んで海水の密度が下がり、表層付近を北へ戻っていくものである（図4－8）。南極で折り返して戻っていく軽い水は「モード水・中層水」と呼ばれる海水となり、その後は中低緯度の広い海域に供給されることになる。この上層循環は海洋生態系にとって非常に重要である。なぜならば、深い海の底では生物の死骸や糞が分解されて、栄養分がたくさん溜まっている。この栄養分を深層水と一緒に海面近くまで持ち上げて、生物が利用しやすい深さで世界の海へ戻しているからだ。

上層循環よりも深い側に形成されるのが「下層循環」（図4－8）で、先ほど説明した海氷生成にともなう沈み込みで生じる。海水が凍りつくときに吐き出される塩分の多い水ブラインは非常に密度が高いので、海の深くへと沈み込む。さらに周極深層水をまきこみながら海底地形に沿って南大洋の最深部へと流れ落ちて、「南極底層水」と呼ばれる世界で最も重い海水となるのである。

この南極由来の高密度水は、太平洋、大西洋、インド洋、全ての大洋で海の一番深い場所を占めている。南極底層水の沈み込みは、北大西洋の沈み込みと同様、いやそれ以上に規模の大きな海洋大循環のポンプといえる。

熱と二酸化炭素を吸収する「南極の海」

南大洋で起きている南北・鉛直方向の循環は、私たちが直面する温暖化にとって二重の意味で重要だ。その理由のひとつは、海水が大気の熱を吸収して、海の底に沈めてしまう効果を持っているからである。

また、南極の海が吸収するのは熱だけではない。温暖化の主要因である二酸化炭素を溶かし込んで、海中に固定する役割も果たしている。

なぜそんなことができるかといえば、湧き上がってくる周極深層水が、長期間にわたって大気と隔絶されて深海を流れてきた海水だからだ。最後に大気と触れたのは数百年前、地球の気温と二酸化炭素濃度が上昇するよりも前のことである。昔の大気に対してつりあった状態にある、最近の気候変動を知らないこの海水は、現在の大気から熱と二酸化炭素を吸収する余地を残しているわけだ。

たとえばこんな見積もりがある。南緯三〇度よりも南にある海は、海洋全面積の三〇パーセントでしかない。しかしながら南大洋を含むこの限られた海域だけで、人間活動で増加した熱を吸収する役割の七五パーセントを担っているというのだ。また、人為起源の二酸化炭素の吸収についても、その四三パーセントがこの海域で生じているという。

南大洋の深層では過去四〇年にわたって水温が上昇しており、その変化は他の海域よりもずっと大きい（図4-9）。すなわち、南極沿岸における海水の沈み込みが、温暖化する大気の熱を海中へ運んでいることを示唆している。もしこの海洋循環が弱まることがあれば、行き場を失った熱と二酸化炭素によって、気温の上昇が加速するであろう。

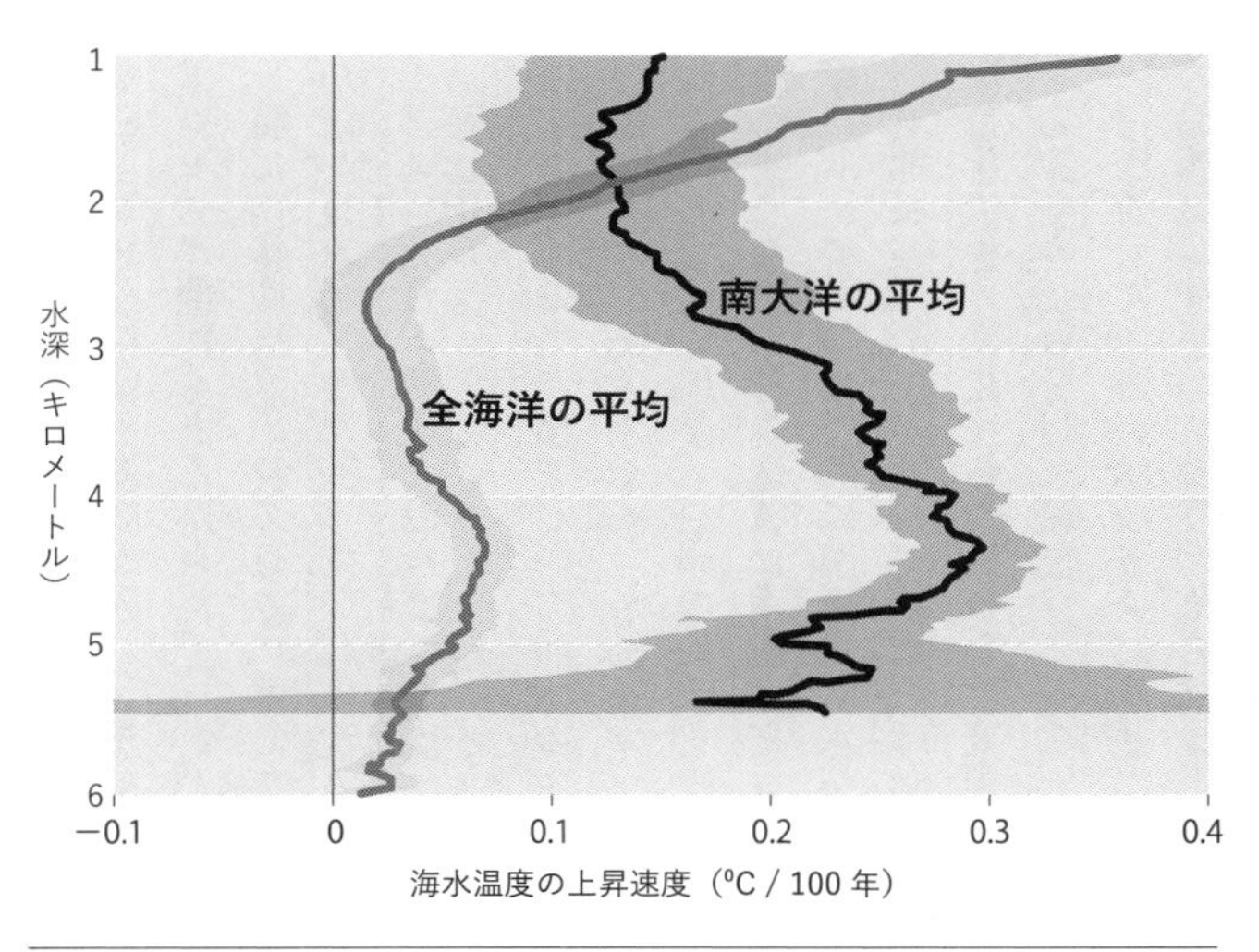

図 4-9　1981 ～ 2019年に生じた、100年あたりの海水温上昇。全海洋の平均に対して、南大洋での温暖化が著しい（IPCC, 2019）

地球規模の環境変化の引き金

熱・物質循環の要となる南大洋の循環に、氷床変動の影響はおよんでいるのだろうか。答えはイエスである。南大洋の深部における観測データは、重く冷たい南極底層水が少しずつ減っていることを示している。すなわち、南極沿岸における沈み込みが弱くなったと予想される。

その原因のひとつとして挙げられているのは、棚氷の底面融解による海水塩分の減少である。融け水が増えて塩分が薄まれば、海水の密度が下がって沈み込みが弱まるからだ。

実際に南極の周辺で塩分の減少が報告されており、氷床が海洋循環に与えている影響が示されつつある。しかしながら、両者の関係を完全に明らかにするのは容易ではない。なぜならば、密度の高いブラインを吐き出す海氷生成を筆頭に、海の循環をつかさどるプロセスが他にもあるからだ。

特に南極底層水の沈み込みに関しては、何といっても主役は海氷である。そのプロセスもなかなか複雑で、海が凍っていれば沈み込みが起きるわけではない。逆に海面が氷によって覆われると、海水が冷たい大気から断熱されるので、海氷に覆われた海はそれ以上凍りづらくなる。

絶え間なく水が凍ってブラインをつくりだすには、風によって海氷が吹き流されて、海面が常に露出するのが望ましい。海氷の生産に都合のよいそのような海域は「沿岸ポリニア」と呼ばれており、海氷とブラインの生産工場である（図4－10）。「カタバ風」と呼ばれる氷床から吹き降ろす強い風が、沿岸の海氷を吹き払って海面をむき出しにする。

つまり海水の沈み込みは南極のどこででも起きているわけではない。点在するいくつかの沿岸ポリニアで、集中的に南極底層水がつくられて沈み込んでいるのである。氷床が氷を失っている地域と、沿岸ポリニアの場所は必ずしも一致しない。また海氷の生産量は気象状態によって毎年大きく変化する。それらの要素を考えに入れて、氷床融解が南極底層水の沈み込みに与える影響を切り分けて確認する努力が行われている。

また海洋の循環は大気からの影響、特に風の強さと方向によって変化する。近年は南大洋上の偏西風が強まっており、その結果として図4－8で示した上層循環が強まっているとの見方

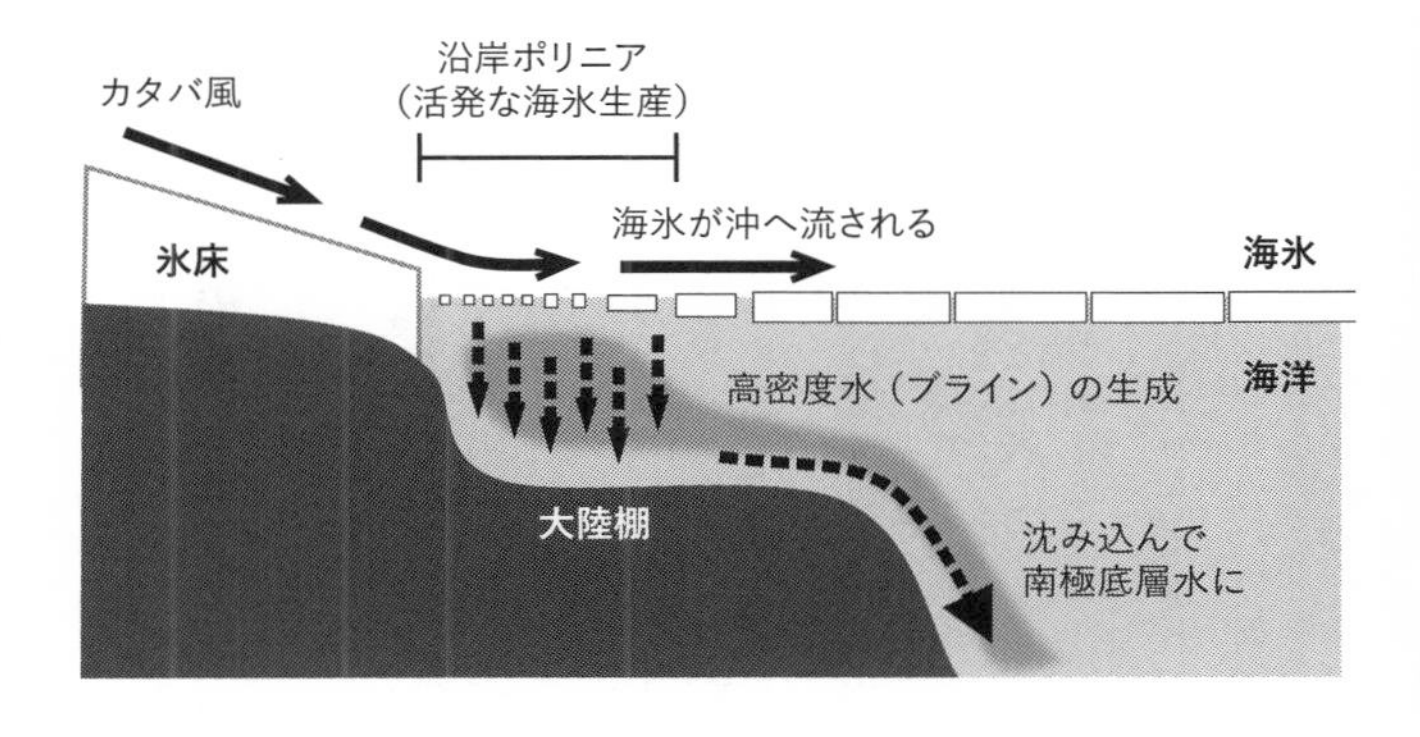

図 4-10　沿岸ポリニアの構造。カタバ風によって海氷が吹き払われた海面で盛んに海氷が生成する

がある。前章で棚氷の底面融解について説明した際にも、風の影響で周極深層水が氷床沿岸に流れ込みやすくなっていると述べた。どちらも同じ、大気によって起きている海洋循環の変化である。

南極では、大気・海洋・氷床がそれぞれ変動しながら、お互いに影響を与えている。特に温暖化と氷床融解によって起きる海洋循環の変化は、極域の環境はもちろんのこと、地球規模の環境変化の引き金となる。しかしながら広く深い南大洋での観測は不十分で、循環が大きく変化しているかどうかは明らかでない。大気・海洋・氷床相互作用の正確な理解と、長期観測データによる検証が重要といえる。

3 気象・気候へのインパクト

エネルギーをはじき返す雪と氷

南極の周辺を取り巻く海洋と、氷床が強く結びついていることは明らかである。それでは南極を覆う大気との関わりはどうか。まずは氷床が地球規模の気象・気候に果たす役割について、雪と氷の表面での相互作用という視点から考えてみよう。

大気との境界である氷床の表面は、地球の表面としては特殊な性質を持っている。そのひとつが光の反射率であり、氷床の表面は地球上で最も光エネルギーの反射率が高い。したがって、地球が太陽から受け取るエネルギー収支を考える上で、南極氷床は特別な意味を持っている。宇宙から地球を撮影した画像を見れば、真っ白に光り輝く氷床にすぐ気がつく。比較的暗く見える海や陸地と比較して、氷床は太陽光を多く反射しているからだ。

地表面における光エネルギーの反射率をアルベドと呼び、その値がゼロであればエネルギーが完全に吸収され、一であれば全て反射されることを示す（図4－11）。

地球表面でダントツに反射率が高いのが雪である。雪景色がとてもまぶしいのは、アルベドが非常に大きいからである。平均的な雪のアルベドは〇・八、降ったばかりの新雪では〇・九

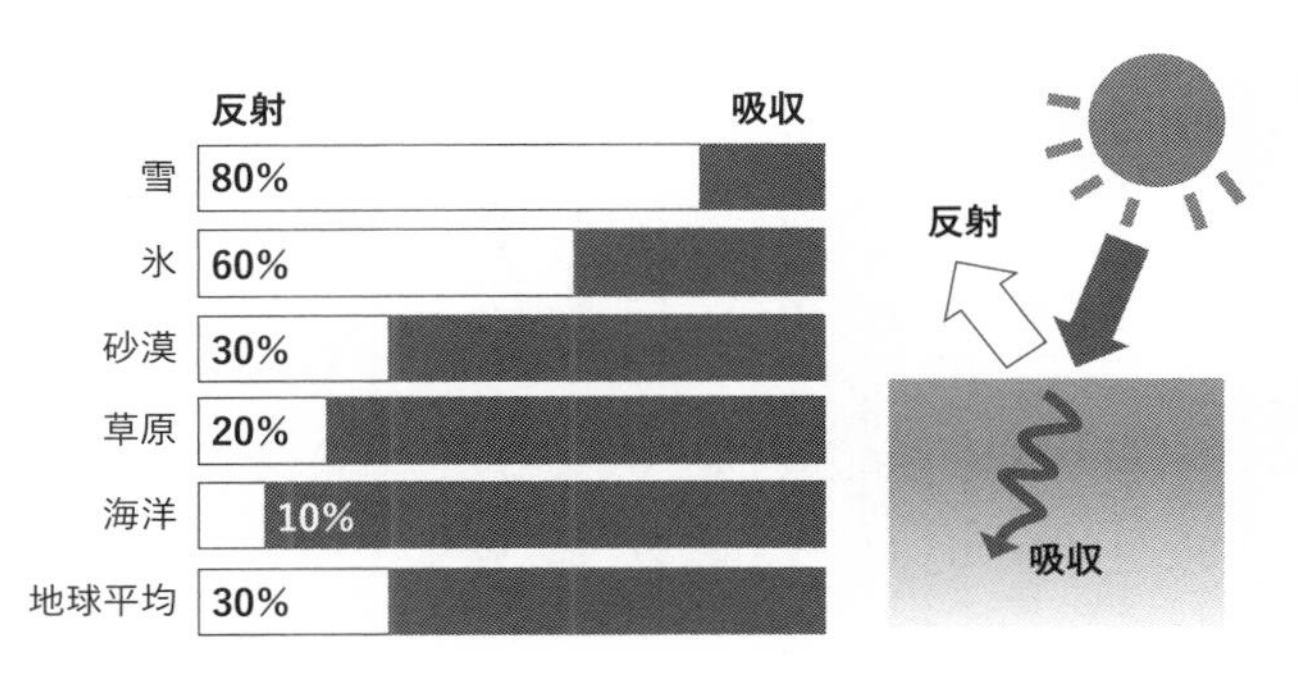

図 4-11　地球表面の光エネルギー反射率（アルベド）

にもなる。すなわち光エネルギーの八〇～九〇パーセントを反射してしまうのである。対照的にアルベドが低いのが海で、九〇パーセントを吸収、すなわちアルベドは〇・一である。

地球の平均アルベドは約〇・三なので、氷床の面積がその値に与える影響は大きい。棚氷が崩壊して海に変われば、エネルギーの吸収効率は何倍にも大きくなる。また氷は雪よりもアルベドが小さく、きれいな氷で〇・六、表面が汚れたり風化が進めばもっと小さな値となる。したがって、雪が消えて氷がむき出しになれば、氷床が太陽から受け取るエネルギーが増える。

雪氷が融解してアルベドが下がると、エネルギーの吸収が増えて、さらに雪氷の融解が進む。いわゆる「正のフィードバック」が働くことになる。雪氷とアルベドのあいだに作用する正のフィードバックは「雪氷アルベド・フィードバック」と呼ばれ、極地で温暖化が増幅されるメカニズムのひとつである。

特に北極の海氷や陸上の積雪は、近年その面積が大きく変化しており、北極域の温暖化が著しい原因のひとつと考えられている。海氷や積雪と比較すれば、氷床の面積はゆっくりと変化する。しかしながら、巨大な棚氷が崩壊すればアルベドへの影響も大きく、南極氷床でも雪氷アルベド・フィードバックが作用する可能性がある。

大気循環システムへの影響

一年を平均すると他地域よりも日射量が少ない南極では、高いアルベドも手伝って気温が低い。氷床表面で冷やされた大気は密度が高いので、緩やかに傾いた表面傾斜に沿って沿岸向きに吹きおろしのカタバ風となる（図4－10）。この大気の流れは、氷床上で四六時中強く吹いて南極の気象を特徴づけている。

カタバ風は沿岸に向けて風力を増し、雪の表面を削って「サスツルギ」と呼ばれる独特の雪面形状を生み出す（図4－12）。風の強い地域では巨大なサスツルギがイルカのように踊っていて、雪上車で進むのも一苦労である。

前述した通り、カタバ風は海氷の生産に重要な役割を持っている。さらに、風が氷床上の雪を吹き流して堆積パターンを変えることによる影響もある。強い風に吹かれて雪がほとんど積もらない場所もあれば、地形によっては逆に吹きだまりとなる場所もある。

図 4-12　南極氷床の雪面に成長したサスツルギ。高さ数十センチメートル

氷床から海上に出た風は徐々に暖まりながら北上を続け、南緯六〇度あたりで上昇気流となる。その後数キロメートル上空で南向きに方向を変えて、南極上空まで戻ってくると今度は下向きの流れをつくる。南極の冷たさを駆動力とするこの大気循環は「極循環」と呼ばれ、赤道付近の熱を極域に運ぶ大気大循環の主要コンポーネントである（図4－13）。熱帯地域の「ハドレー循環」、中緯度域の「フェレル循環」と並んで、地表から高度十数キロメートル（対流圏）の大気循環を決定づけている。

さらに対流圏の上空、五〇キロメートルまでにあたる「成層圏」でも、低緯度から南極に向かう大気の流れ

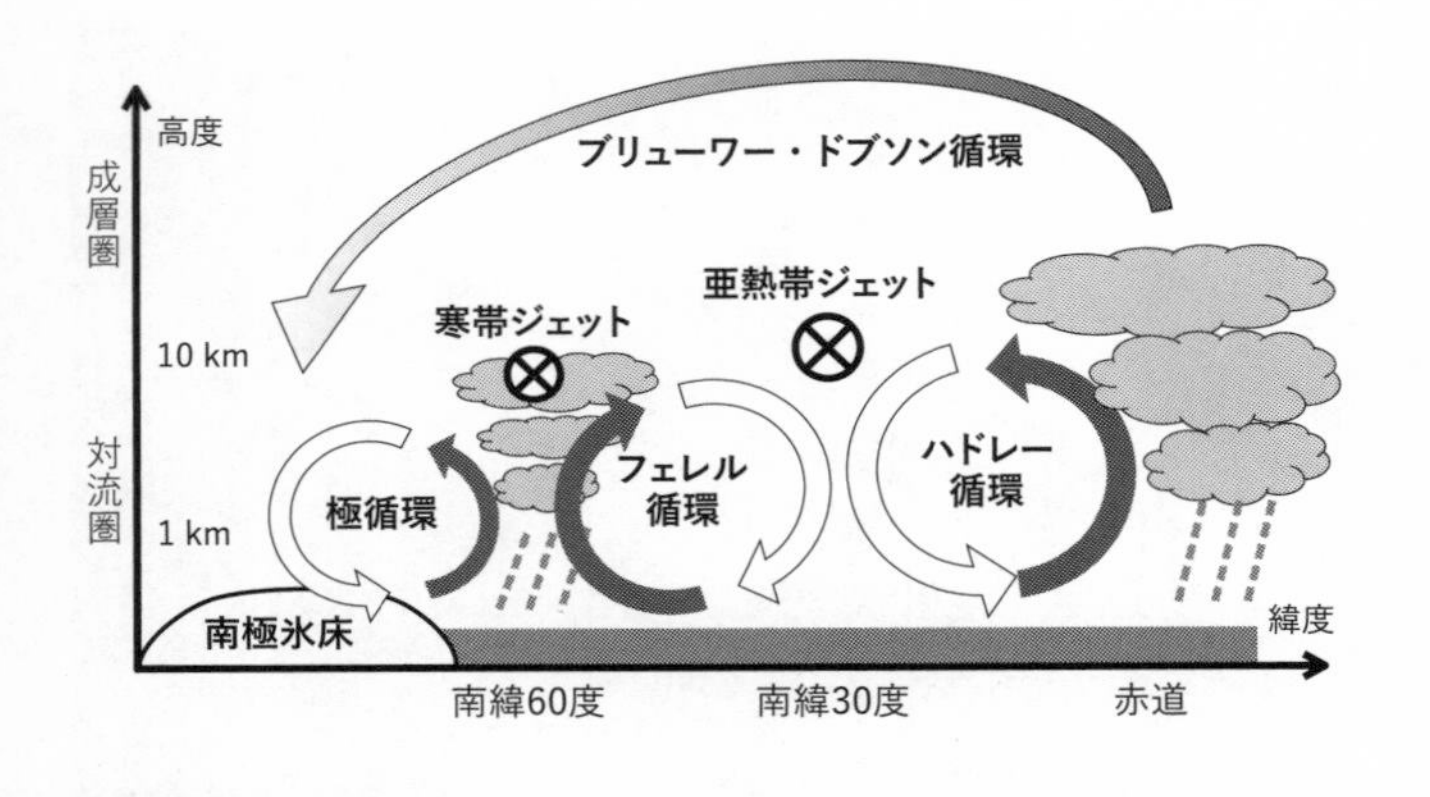

図 4-13 南半球の経線に沿った断面内の大気循環。⊗は断面に垂直な大気の流れを示す

が存在する（図4－13）。南極の成層圏では、冬にはマイナス八〇度に達する低温が長く保たれて、低温下の化学反応によってオゾン層が破壊され大きな問題になった。

図4－13に示した循環システムは、北半球でも概ね同じような構造となっており、あたかも極域が独立した大気循環を持っているようにも見える。しかしながら、極域の大気条件が中緯度と密接に関わっていることが最近わかってきた。たとえばニュースでも報道されるように、冬場の北極における大気の状態が、日本や北米に寒波をもたらすということが示されている。

一方の南極は大陸が海に囲まれた単純な地形なので、北極よりも中低緯度から孤立しやすくて大気がより安定している。それでも最近になって、南極の成層圏における気温変化が、日本付近の気象に影響を与えた事例が報告された。

このように、地球規模の気候と大気循環に南極が重要な役割を果たしているのは明らかである。しかしながら、今起きている氷床変動が大気循環に影響を与えているかどうかは、まだはっきりとした結論は出ていない。

氷床と大気の相互作用で気になるのは、氷床から大気への影響というよりは、やはり気候変動が降雪と融解に与えるインパクトである。果たして中低緯度の気候変動が極域に伝播して、氷床上の降雪が増えるのか、また気温が上がって雪氷が融け始めるのか。地球規模の大気循環が氷床質量の増減にどのように作用するのか、今後の研究の進展が待たれる。

4　氷の底の変動

隆起する大陸基盤

氷床からは淡水が流出し、海洋に強い影響を与えている。また氷床表面には大気との強い関わりがある。それでは氷の底では何が起きているのだろうか？

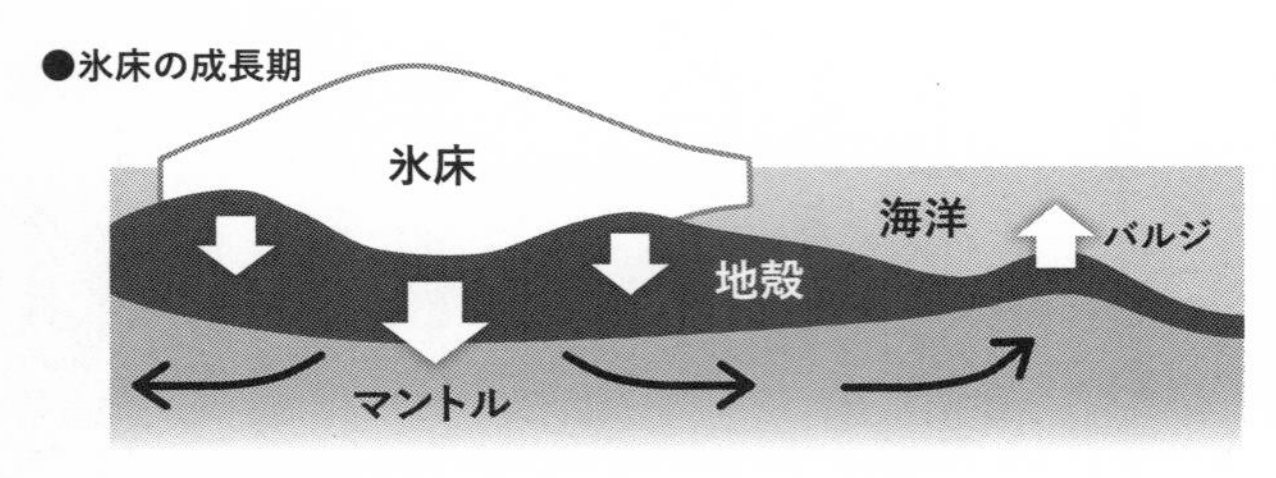

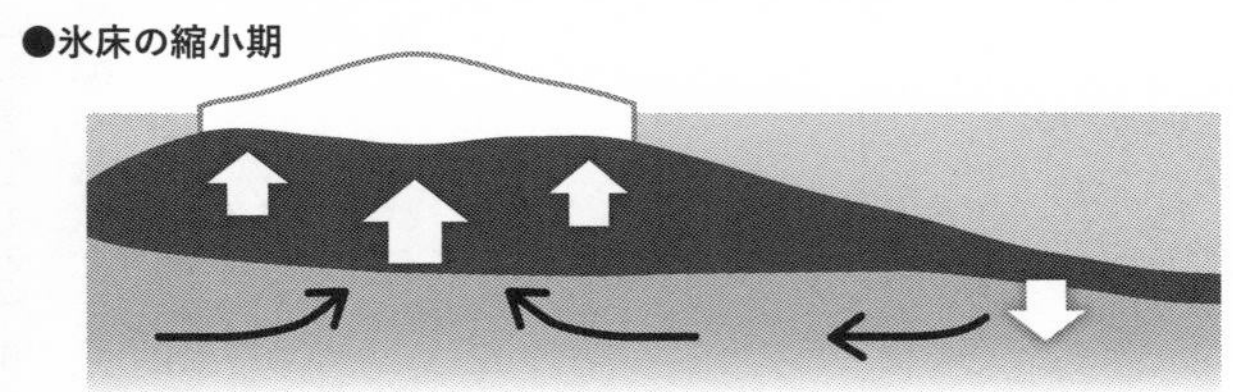

図 4-14　氷床、地殻、マントルの断面図。（上）氷床の成長と（下）縮小によって起きる地殻とマントルの動き

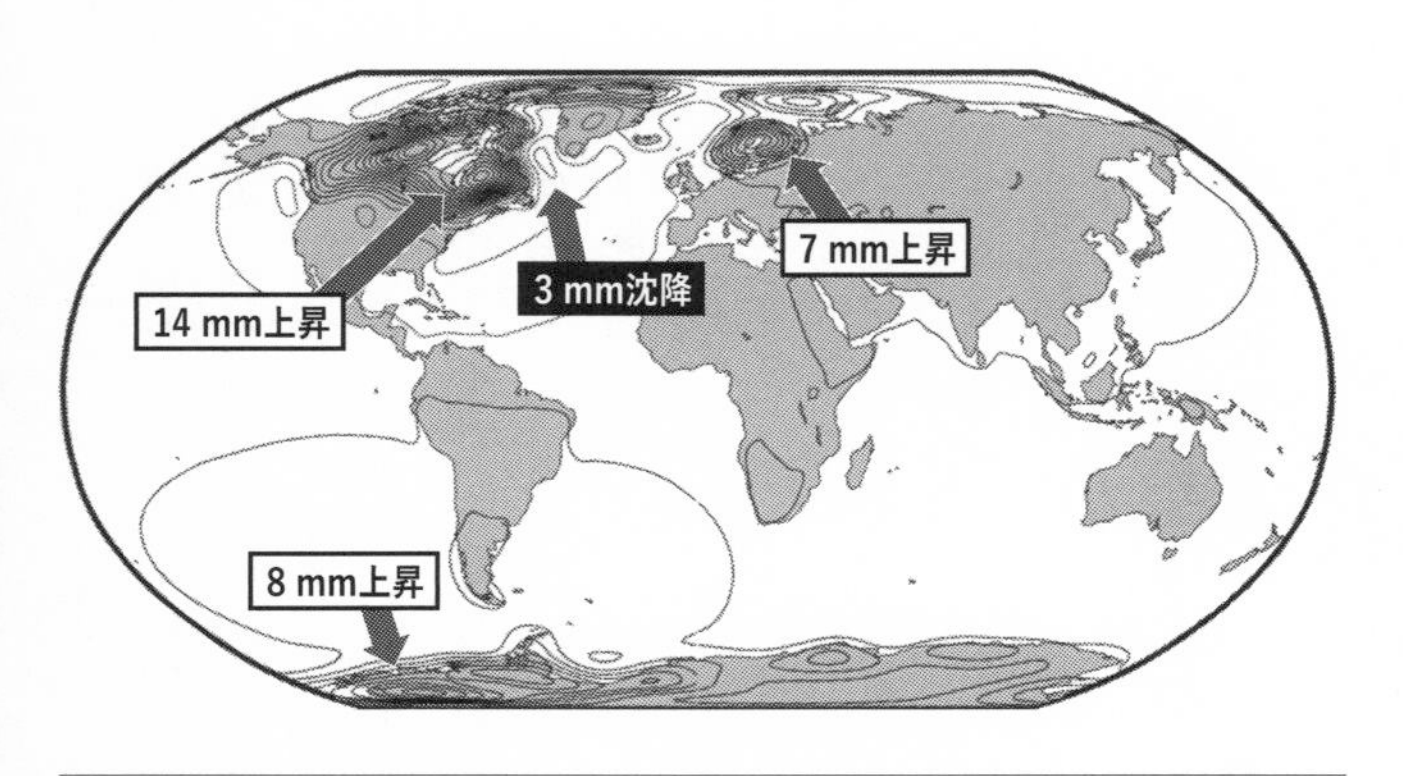

図 4-15　現在の地殻変動を示す等値線。数字は各地域における毎年の上昇・沈降量（データ：Peltier et al., 2018）

まず重要なのが、氷の質量変化によって南極大陸の基盤が上下動する「氷河性地殻均衡」である。氷床が成長すれば、増えた氷の重みで直下の大陸（地殻）とマントルが押し込まれる（図4－14上）。つまり氷床と地殻の標高は下がる。逆に氷床が縮小すれば、マントルの移動によって地殻と氷が持ち上がる（図4－14下）。水（マントル）に浮かべたゴムボート（地殻）の上で、人（氷）が乗り降りしているようなものである。第二章でも触れたが、この地殻の上下動が高度計や重力計による氷床変動の測定を難しくしている。

興味深いのは、マントルの水平方向の動きだ。成長した氷床に押し出されたマントルは逃げ場を求めて周辺に移動する。その結果少し離れた場所で地殻が押し上げられて、「バルジ」と呼ばれる隆起ができる（図4－14上）。つまり、氷床の変動にともなって、南極周辺の基盤は氷床直下とは逆方向に上下するのである。

約二万年前から現在にかけて、地球の氷床は大きく融解して縮小、消失している（図1－3）。その結果、極域では著しく地殻が上昇して、氷が完全に失われた地域でもまだその動きは収まっていない（図4－15）。ローレンタイド氷床に覆われていた北米大陸では、今も毎年一〇ミリメートル以上の隆起が続いている。北米東海岸の沖では、バルジの消失に対応する海底の沈降も確認できる。スカンジナビア氷床が消失した北ヨーロッパや、氷床規模が縮小した南極でも、年間数ミリメートル以上の隆起があり、現在と過去の氷床変動がその原因である。

地殻変動が海水準を左右する

地殻とマントルはバネ（弾性）とハチミツ（粘性）の性質を持っている。氷の荷重が減ると、バネのようにすぐに反応する成分もあるが、遅れてゆっくりと隆起するハチミツのような動きもある。頭を離すと凹みがゆっくりと元に戻る、ちょっと特殊な枕とよく似た動きである。したがって大陸基盤の上下動は、今起きている氷床変動だけでなく過去の変動にも左右される。もちろん、もし南極で今後さらに大きな氷の減少が起きれば、それによって生じる新たな地殻の変動が、氷床と海水準に影響を与えることが予想される。

たとえば西南極は、ふつうよりも柔らかいマントルにのっているため、氷の減少に反応して素早く隆起することがわかってきた。地殻が大きく隆起すれば、ふたつの影響が考えられる。まず、基盤が持ち上がれば海に浸かっている氷が陸上に干上がってしまうので、氷床の不安定性が解消されて海への氷流出が抑えられる。つまり氷床の融解に負のフィードバックがかかる可能性がある。またその一方で、海底が隆起すると海のスペースを奪ってしまうので、外洋へ押しやられた海水が海水準上昇に拍車をかけることになる。

地殻の上下動を正確に見積もるためには、地殻とマントルの性質にもとづいた数値計算が必要で、最近盛んに研究が進められている分野である。高度計や重力計のデータを評価するために、また氷床変動とその海水準への影響を正確に予測するために、重要な課題といえる。

氷の底に残る課題

第一章で、氷床の底面には氷が融けている場所があり、そのような場所には氷底湖や水路が存在すると述べた（図1-6）。だが実際のところ、氷の底面で温度を測定するのは困難で、氷床底面の温度分布はよくわかっていない。

そこで数値計算を使って、気温、地熱、氷の流動などから、底面で氷が融けていそうな地域が推定されている（図4-16）。そのような場所は氷が厚い内陸部に分布しており、氷床面積の約半分を占めている。氷が毛布のような役割を果たして、冷たい大気から基盤を断熱しているのに加えて、厚い氷の下では圧力が上がって融解温度が下がるからだ（一〇〇〇メートル毎に約一度）。そのため、氷床の内陸部は比較的気温が低いにもかかわらず、広い範囲で底面が融けている。

底面に水があれば氷が滑るので、場所によっては活発な氷の流動と、基盤の浸食が起きる。また、融け水や土砂が溜まったり移動したりする。そのような氷床底面のプロセスは直接の観測が非常に難しく、氷に孔を掘るしか手がない。南極氷床に孔をあけて、氷の底を覗いた事例は数えるほどである。したがって、氷のダイナミクス、氷底湖の生態系、融け水の海への流出など、氷床の底には興味深い手つかずのテーマが多く残されている。

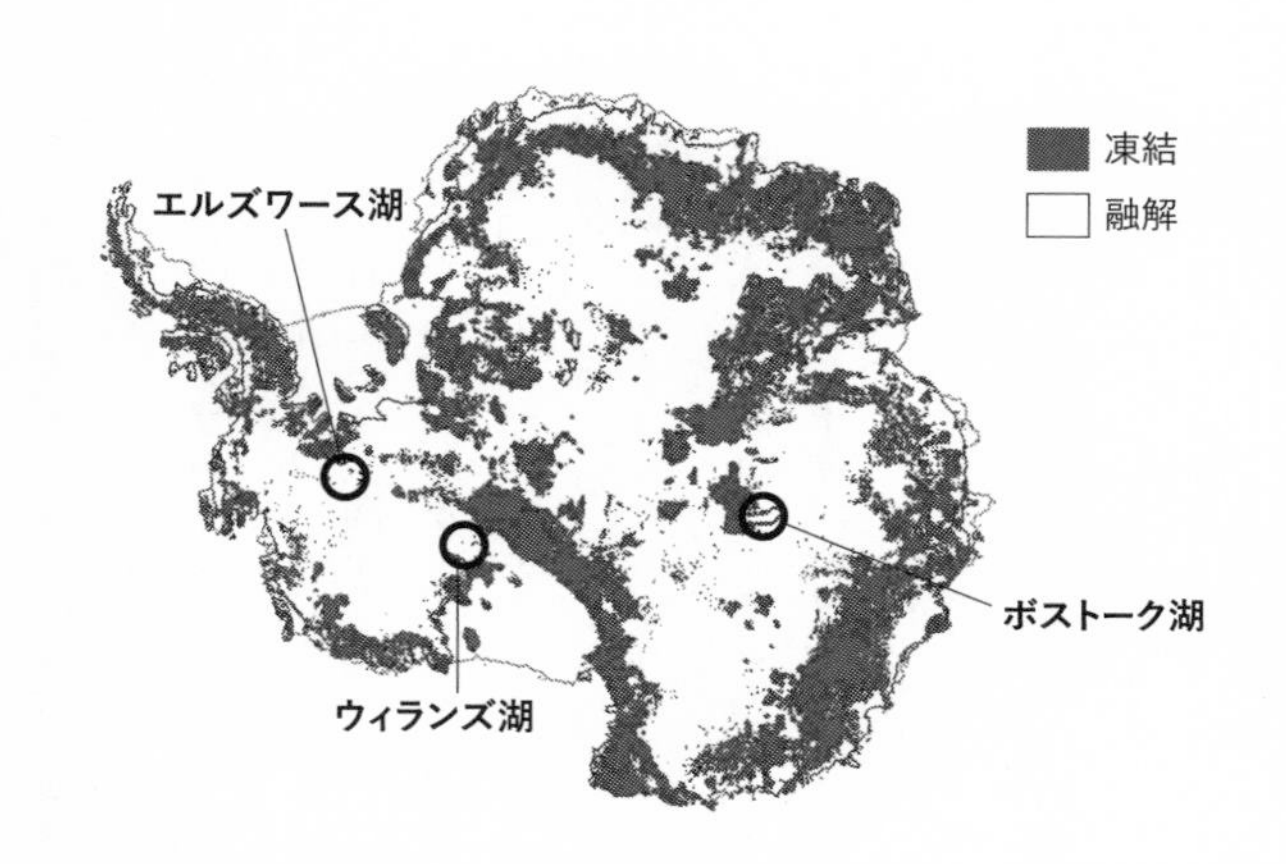

図 4-16　氷床底面の融解（白）と凍結（黒）の分布（Pattyn, 2010）。○は本文で触れた氷底湖の位置

氷底湖を目指したデッドヒート

氷床底面の研究の中でも、特に関心が集まっているのが氷底湖である。

二〇一二～二〇一三年には、ロシア、イギリス、アメリカの研究チームがそれぞれ別の地域で氷を掘削し、氷の底にある湖への一番乗りを競うことになった。

二〇一二年二月には、ロシアの研究者が南極最大のボストーク湖（図1－6）に向けて三七〇〇メートルの氷を掘り抜き、湖水のサンプリングを行った。しかしながら、掘削に使われた薬品によるサンプルの汚染が疑われており、解析結果には十分な信憑性が得られていない。

イギリスのグループは三〇〇〇メートルの氷の下にあるエルズワース湖（図4－16）をターゲットとしたが、残念ながら装置のトラブルがあって湖まで掘削することはできなかった。

最も大きな成果を挙げたのは、ロス棚氷の接地線付近にあるウィランズ湖（図4－16）で掘削を行ったアメリカのチームであった。二〇一三年に八〇〇メートルの氷を掘って湖に到達し、湖水と堆積物のサンプリングに成功したのだ。その後、湖水からバクテリアが見つかったと報告され、氷床底面に生態系が見いだされた最初の例となった。このチームは二〇一八年にも同じ地域で別の湖の掘削に成功しており、今後の成果発表が期待されている。

もっとも、このチームが大成功を収めたことは間違いないが、ウィランズ湖は近くの海や別の湖と水路でつながっており、数年から数十年のスケールで湖水が入れ替わっている。ロシアとイギリスのグループが目指した内陸の氷底湖はずっと長く深く外界から切り離されており、これらの湖には、ウィランズ湖とはまた違った未知の課題がたくさん残されている。

今後氷床に変化があれば、数百万年にわたって氷の底に閉じ込められていた物質が顔を出す可能性がある。逆に氷の厚さが変わって、融け水が再び凍りついてしまう地域もあるだろう。

底面の環境は、特に氷の流動を通じて氷床の変動にも重要な影響を与える。氷と基盤の境界には、重要かつ解決困難なプロセスがぎっちりと詰まっているのである。

コラム4

どうやって南極に行くのか

遠く離れたイメージのある南極だが、どんな手段で行くことができるのだろうか？

日本から昭和基地に行く場合、最も一般的なのは砕氷船「しらせ」を使った航路である（図コラム4－1）。観測隊員はオーストラリア西岸のフリマントルまで飛行機で移動して、寄港したしらせに乗船する。そこから昭和基地の沖まで、通常は約三週間の航海だ。

停泊した船から基地へは、しらせに搭載されたヘリコプターで移動する。現在はCH－101型機という大型ヘリコプターが使われていて、一度に二〇～三〇名の人員を輸送することができる（図コラム4－1中央右）。私たちが氷河の観測に出るときも、数トンの機材と一緒にこのヘリコプターに乗る。さらに小型ヘリコプターを準備して、観測や輸送に使うこともある。

ただ、船での移動は時間がかかり、一一月上旬に日本を発ったしらせが昭和基地に到着するのは一二月の中旬以降である。南極の短い夏を少しでも長く観測にあてるため、航空機を利用することもできる。昭和基地のある東南極にはDLOMLAN（ドローニング・モードランド航空網）と呼ばれる航空路線が整備されている。二〇〇七年に私が内陸トラバースに参加したと

図 コラム 4-1　（上）南極への経路。（中左）砕氷船しらせと（中右）しらせ搭載ヘリコプター CH-101 型機。（下左）ケープタウンからノボラザレフスカヤ基地に到着した輸送機イリューシン 76TD 型機と、（下右）昭和基地に到着した小型飛行機バスラーターボ 67 型機

きは、一一月から観測をスタートするためにこの航空網を使った。

　南アフリカのケープタウンから大型輸送ジェット機イリューシンに搭乗して、ロシアの南極基地ノボラザレフスカヤで氷の滑走路に着陸する（図コラム4－1下左）。日本を出て四日目には南極に着いた。さらに小型のプロペラ機バスラーターボに乗り継いで昭和基地へ（図コラム4－1下右）。雪面への着陸には、タイヤの代わりに装着したソリを使う。南極における航空機による移動は、研究者だけでなく極地を目指す冒険家にも利用されている。

　南極半島へ行ったときは、アルゼンチン南端のウシュアイアからスペインの観測船に乗った。その幅約一〇〇〇キロメートルのドレイク海峡は、東京から札幌の距離と変わらない。最も身近な南極といってもいい。アルゼンチンやチリの港からは南極半島のクルーズ船が数多く就航しており、誰にでも経験できる「南極旅行」が提供されている。

第五章

気候変動と地球の未来

一〇〇年後の氷床変動シミュレーション

1 気候変動の八〇万年史

近年の先端的な観測によって、南極氷床の縮小傾向が明らかになってきた。現状の変化はまだ比較的ゆっくりとしており、海水準に与える影響はグリーンランド氷床や山岳氷河よりは小さい。

しかし、南極に存在する氷の量はグリーンランド氷床の九倍である。今後その変化が加速すれば、地球環境が受ける影響ははかりしれない。特に私たちの子供や孫の世代が生きる近未来、氷床はどうなっているのだろうか。本章では、この先一〇〇年、さらにその先の氷床変動についての将来予測に焦点をあてる。

未来を知るために、まずは過去を顧みることから始めよう。特に氷床の氷に記録された過去の地球環境変動は、氷床の将来を考える上で重要なことを教えてくれる。

氷コアに刻まれた記録

南極氷床は、最も深い場所で四〇〇〇メートルにも達する。その氷は数十万年、場所によっては一〇〇万年に達する長い時間をかけて成長したものである。すなわち、これまでに降り積もった雪が地層のように保存されている。

特殊なドリルを使えば、「氷コア」と呼ばれる直径一〇センチメートルほどの細長い氷サンプルを、氷床の奥深くから採取できる（図5－1）。この氷コアを分析することで、気温や大気成分など、過去の地球環境を復元することができるのだ。いわば、数十万年にわたる環境変動の記録装置である。

たとえば氷の中に含まれている不純物を分析すれば、その氷ができたころに大気中を舞っていた塵（微粒子）の量と成分がわかる。また、雪が圧縮されてできた氷には当時の空気が含まれているので、それを取り出して分析すれば二酸化炭素濃度が復元できる。さらに氷を形成する酸素原子と水素原子には、少し重さの違う「同位体」が含まれていて、その割合は雪が降ったときの気温で決まる。その関係性を使えば、同位体の割合から当時の気温が推定できる。

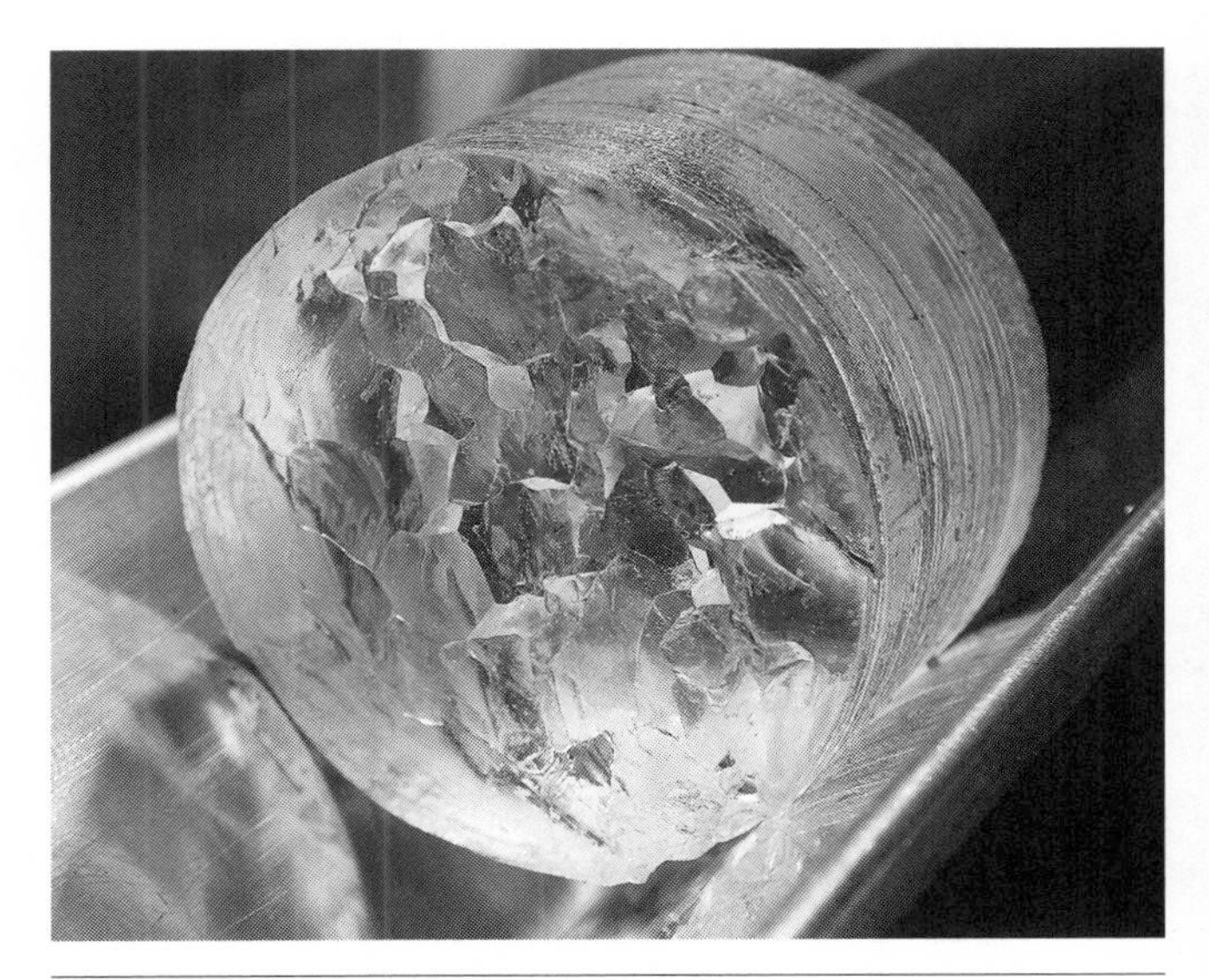

図 5-1　南極ドームふじ基地で掘削された氷コア。氷の直径は約10センチメートル（国立極地研究所提供）

海底に溜まる堆積物でも同じような環境復元が行われている。しかし氷コアが優れているのは、時間的により細かい分析ができる点である。少ないとはいえ毎年降り積もった雪が、その時々の大気状態をこと細かに記憶しているのだ。

八〇万年の地球環境変動

氷コアから復元された環境変動としては最も長い、過去八〇万年にわたる記録を見てみよう。

地球が経験した過去の環境変動は、とてもダイナミックで驚くほど規則正しい（図5－2）。まず南極の気温を見ると、最大

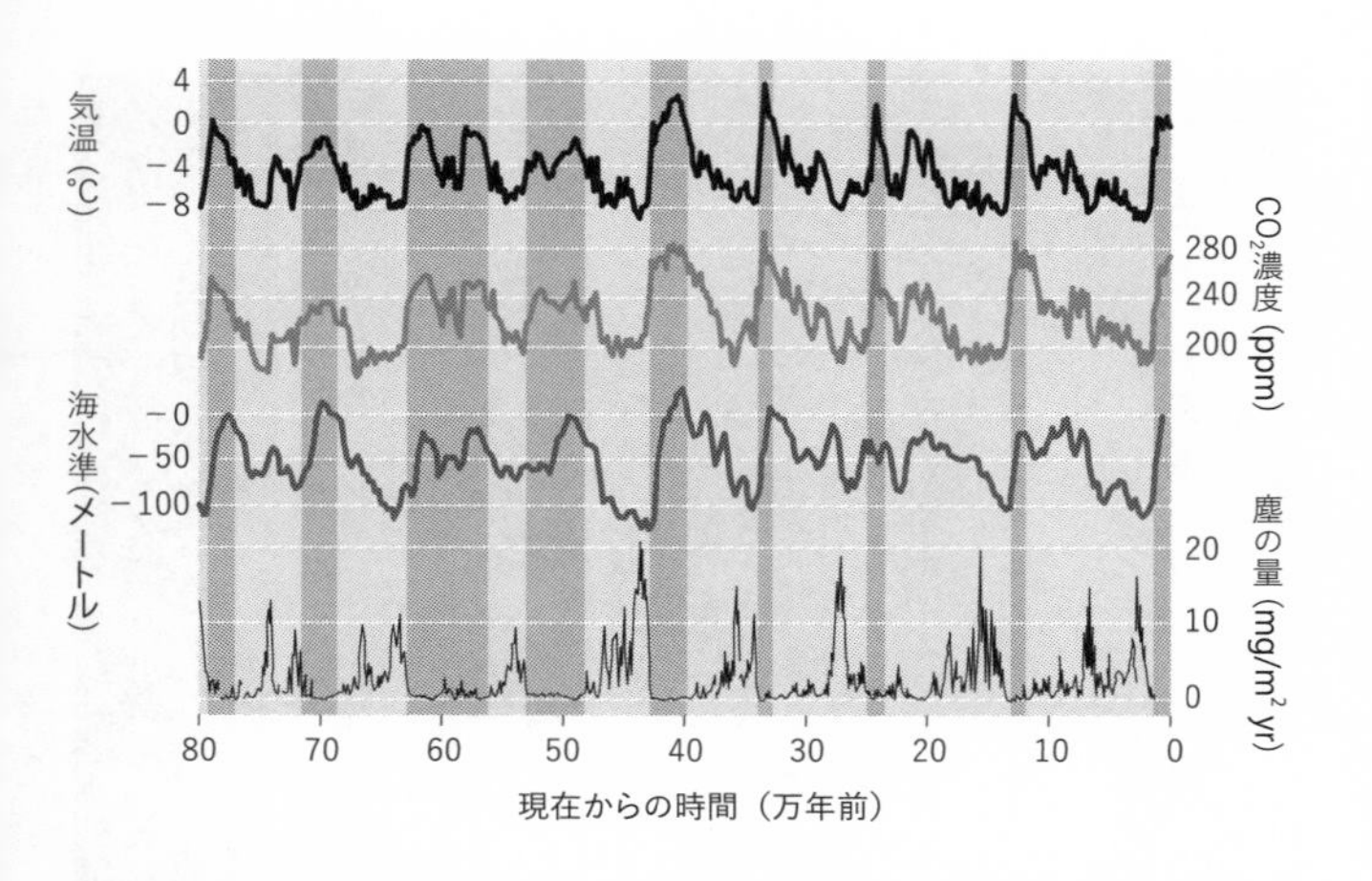

図 5-2 過去 80 万年間の地球環境の変化。南極氷床の氷コアによって復元された現在との気温差、大気中の二酸化炭素濃度および塵の量。海水準は海底堆積物によって復元されたもの。灰色の領域は比較的気温が高い間氷期（IPCC, 2013; Lambert et al., 2008）

一〇度に達する大きな変化が何度も繰り返されていたことがわかる。その変化は周期的で、概ね一〇万年毎に比較的暖かい気候が現れる。特に四〇万年前以降の規則正しい変化には驚かされる。一〇万年かけてゆっくりと下がった気温が、一〇度近く急激に跳ね上がる変化はノコギリの歯のようだ。気温の低い時期は「氷期」と呼ばれ、現在は比較的気温の高い「間氷期」にあたる。

次に二酸化炭素の濃度。その変化は、気温の変化とうりふたつである（図５－２）。気温が高いときには二酸化炭素の濃度が高く、気温が下がれば濃度も下がる。細かい変化までそっくりだ。

二酸化炭素は温室効果ガスであり、近年の温暖化の原因となっている。そのことを考えれば、二酸化炭素と気温の変化が似ているのは当然と感じるかもしれない。しかし車も発電所も存在しない数十万年前に、なぜ二酸化炭素の濃度がこれほどまでに変化するのだろうか？　また、気温と二酸化炭素が変動するタイミングは、本当によく一致している。果たして二酸化炭素が増えたので気温が上がったのか、それとも気温が上がって二酸化炭素が増えたのか？　両者の因果関係を判断するのは容易でない。

二酸化炭素の問題はいったん脇におこう。気温、二酸化炭素濃度とよく似た変動を示すのが海水準である（図5－2）。

海水準は氷コアではなく、海底の堆積物に含まれる有孔虫という小さな生き物の殻を分析して復元されたものである。殻に含まれる酸素原子の同位体の割合が、当時の海水量と関係があるのだ。海水準も気温と同じ一〇万年の周期で変動し、寒い時期には海面が低く、暖かくなると高くなる。前章では、そのうち最新の一サイクルにあたる過去一〇万年あまりのデータを紹介した（図4－5）。

そこでも強調した通り、約二万年のあいだに一〇〇メートルを超える海水準上昇があり、その変化は南極における急激な気温上昇とぴったり一致している。この海水準の上昇は氷床の融解によるものである。南極氷床とグリーンランド氷床だけでなく、特に北米を覆っていたローレンタイド氷床の消失が、海水準を急激に押し上げた（図1－3、図4－5）。

最後に、氷コアに含まれる塵の量は、気温が低いときに増加している。すなわち南極では、氷期には空気中をたくさんの塵が舞っており、現代のような間氷期には空気が澄んでいたようだ。その主要因は氷床と海水準にあると考えられている。

氷期には氷床が成長して海水準が下がる。海水準が下がれば海の浅瀬が干上がって、風に舞いやすい海底の堆積物が空気にさらされる。具体的には南米大陸の南端にあるパタゴニア地方で広く海岸線が後退し、南極への塵の供給源になったとされる。また氷期は大気が乾燥して雨が少なくなるので、大気中の塵が雨に流されにくかったとも考えられている。

地球規模で起こる複雑な連鎖反応

この先一〇〇年の氷床変動を考える助けになれば、と思って示した過去の環境変動データだが、これ自体があまりにも刺激的で、興味深い疑問に満ち溢れている。

地球科学を目指す若者はこれらのノコギリ歯に魅せられる人も多く、古環境の復元は人気の高い研究分野である。無秩序にも見える氷河の短期的な変動に取り組む私にとっては、地球環境がこれほど整った規則正しい変化を示すことに驚かされる。さらにもうひとつ、私自身がとても強く興味を掻き立てられるのは、別々の理屈で変動しているように見える地球環境の各要素が、実はお互いにとても強い影響を与え合っており、一筋縄では説明できない因果関係を持っているという点だ。

たとえば、懸案であった気温と二酸化炭素のよく似た変動には、次のようなメカニズムが有力な仮説として挙げられている。

まず、規則正しい気候変動のきっかけになるのは、地球の公転と自転に関わる周期的な変動で、ミランコビッチ・サイクルと呼ばれる。自転軸の傾きと太陽の周囲をまわる公転軌道の具合で、ある時期に北半球における夏の日射が強くなる。その結果、氷床の一部が大きく融解して北大西洋に淡水を流し込む。海水が薄まると沈み込みが弱まって、熱帯から北半球への熱の供給が止まる（図4－7）。行き場を失った熱は反対方向の南半球に運ばれて、南極と南大洋では温暖化が始まる。

この変化は大気中の二酸化炭素を増加させる。なぜならば、南極周辺で気温が上がれば、海氷が凍りづらくなる。すると南極底層水の沈み込みが弱まって、深海に運ばれる二酸化炭素が減少するからだ。また水温が上がった海水からは、温めた炭酸飲料が盛んに泡立つように、溶け込んでいた二酸化炭素が大気中に放出される。濃度が上がった大気中の二酸化炭素によって温室効果が強まり、気温はますます上昇する。その結果、氷床がさらに崩壊・融解して淡水が海に流入し、いわゆる「正のフィードバック」がかかる――。こうした地球規模の連鎖反応がイメージできるだろうか。

二酸化炭素と気温を結びつける相互作用は、他にも仮説がある。たとえば、氷期には空気中を舞う塵が増える（図5－2）。この塵が海に落ちると、そこに含まれる成分を栄養源として生物活動が盛んになる。その結果、生物の遺骸に含まれる炭素が海の底に沈んで固定され、海の表面ではそれを補うように大気中の二酸化炭素が吸収される。すなわち、寒くなると大気の二酸化炭素濃度が下がる、という関係とつじつまが合う。

いずれも仮説ではあるが、少なくとも気温と二酸化炭素濃度はお互いに原因にも結果にもなり、その因果関係には大気、海、氷床が複雑に関与しているのである。

過去のパターンから氷床変動を予測できるか

興味は尽きないが、氷床変動の将来予測に進むためにに話をまとめよう。私が強調したいのは次の二点である。

①海水準に直して一〇〇メートル以上に相当する氷床変動が過去に起きている。しかもその変化は一～二万年のうちに起こり、海水準の上昇速度は毎年一センチメートルに達した。私たちが今経験している海水準上昇の五倍以上の速度である。一〇〇メートルを超える海水準上昇の主要因は、今は存在しないローレンタイド氷床の融解であった。しかしながら南極氷床の融解も、一〇メートル以上の海水準上昇を担ったとされている。つまり、そのような変化が現実に起こりうるということだ。

②現在の地球環境は過去に類を見ない異常な状態であり、このことが氷床の将来予測を困難にしている。過去八〇万年間の規則正しい変化を見れば、この先の環境変動もある程度予想がつく。私たちが暮らす現在の温暖な間氷期はすでに一万年を超えて続いており、過去の周期性を考えれば気温が下がってもよいころだ。実際、これまでに起きた変動を参考に、次の氷期に入るタイミングが研究者たちのあいだで議論されている。この問題への解答は一様ではなく、一五〇〇年後に間氷期が終わると主張する研究者もあれば、数万年は温暖な気候が続くという説もある。ただしいずれの結論も、「地球が人間の活動による影響を受けていなければ」という条件がつく。

現在の地球が人の手でおかしなことになっているのは、最近の二酸化炭素濃度が示す異常値を見れば明らかである。大気中の二酸化炭素濃度は、過去八〇万年間にわたって、概ね一七〇〜二八〇ｐｐｍ（一〇〇万分率）の範囲で規則正しい変化を示してきた（図5‐2）。しかしながら、産業革命と呼ばれる社会・経済の変化が起きた西暦一八〇〇年ごろから、その濃度は急上昇の一途をたどっている（図5‐3上）。同じタイミングで気温も異常値を示している。最近一〇〇年で生じた約一度の気温上昇によって、過去五〇〇〇年にわたるゆっくりとした寒冷化が、突然その先行きを遮られる形となった（図5‐3下）。このふたつのグラフはと

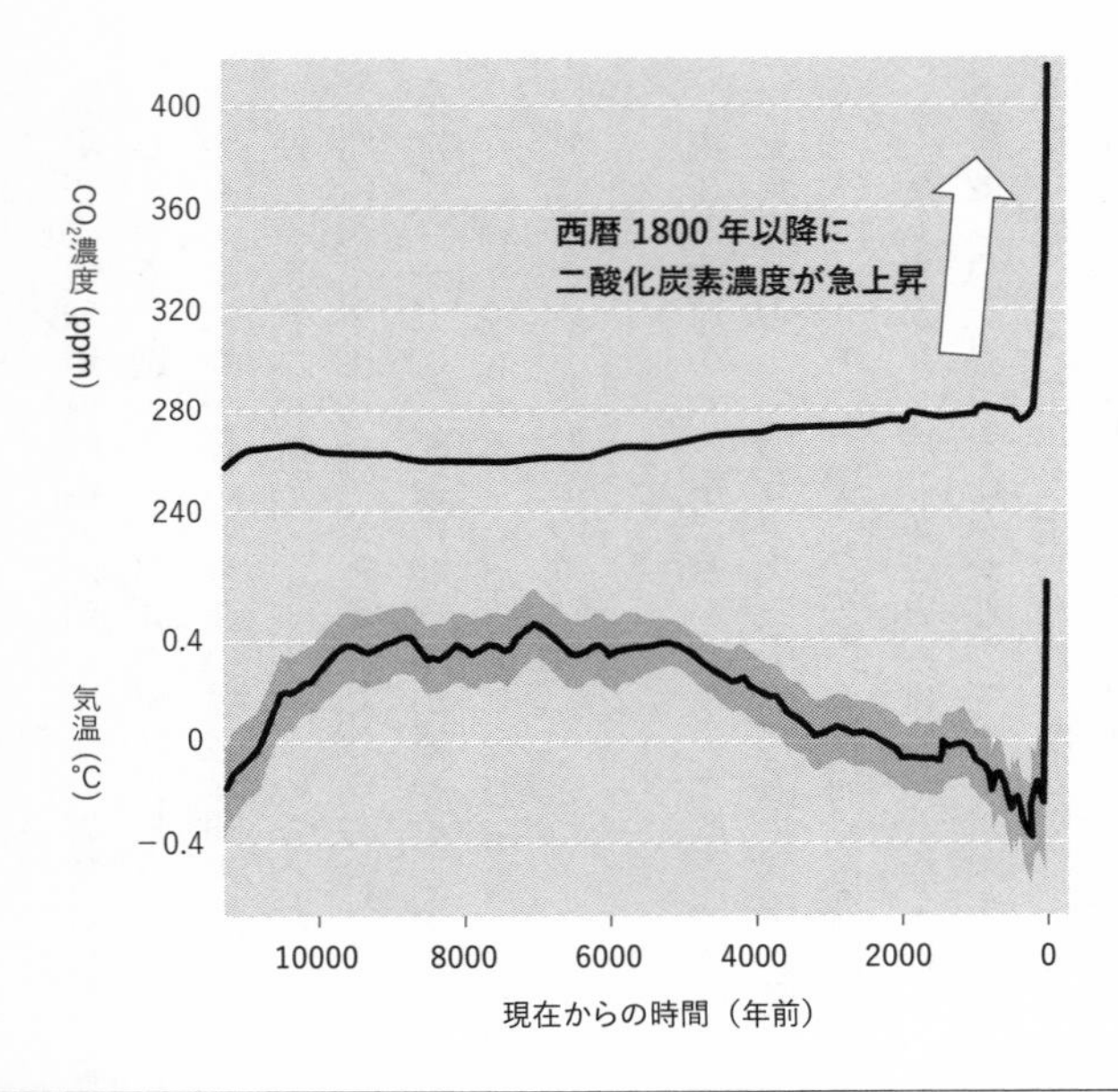

図5-3　過去1万年間の気温と二酸化炭素濃度の変化（Marcott et al., 2013; IPCC, 2007）

てもいびつで、明らかに自然の周期には見えない。人間生活によって生まれた不自然な大気状態は、少なくとも八〇万年は地球が経験したことがないものである。

現在の特異な地球環境を考えると、今後の気候変動は自然のリズムから外れたものになる可能性が高い。先行き不透明な気候条件の下で、この先一〇〇年、二〇〇〇年の氷床変動、海水準上昇は、どのように予測されているのか。次節で確認してみよう。

2 氷床の未来を予測する

将来変動の大きさとその不確定性

この先、南極の氷に起こりうる質量変化、あるいは南極氷床の融解によって近い将来に生じる海水準上昇について、世界各国の研究グループが予測を行っている。この先の八〇年間、西暦二一〇〇年までにどのような変化が予想されているのか。九つの異なる研究グループによる予測を並べると、いくつかの重要な点が読み取れる（図5-4）。

まず知っておいてほしいのは、いずれの予測も海水準の上昇、すなわち氷床が縮小する方向性を示している。ただ、その大きさが研究によってまちまちなのだ。

たとえば①〜③のグループは、海水準が約一〇センチメートル上昇する可能性が高いとしている。一方、⑦〜⑨のグループは、五〇センチメートル以上を予測している。注目すべきは、それぞれの予測結果が大きな幅を持っており、値を絞り切れていない点だ。たとえば研究グループ⑧は、実際に起きる可能性が高い範囲として〇・四〜一・一メートルを挙げた上で、一・五メートルを超える上昇も起こりうるとしている。

これらの結果は、将来的に氷床が融解傾向にあることを示しているが、その変化の大きさは

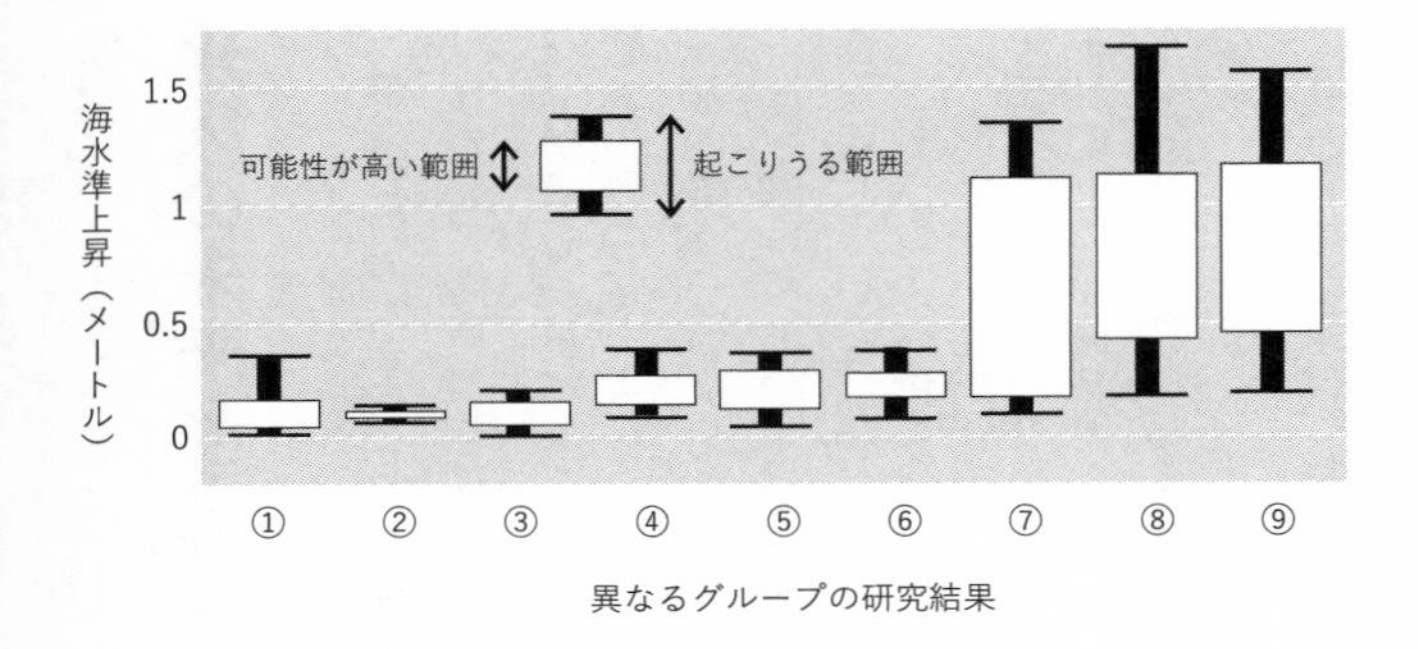

図 5-4　2100 年までに南極氷床の融解によって生じる海水準上昇の予測値。9 つの異なる研究結果について、起こりうる範囲（結果の 90%）と実際に起きる可能性が高い範囲（結果の中央 50%）を示す（Hanna et al., 2020）

はっきりしない。こういった予測はどのように計算されるのか。どうしてこれほど予測に幅があるのだろうか？

氷床モデルによるシミュレーション

氷床の将来変動は、数値モデル（氷床モデル）を使ったコンピュータ・シミュレーションによって予測される。氷床の涵養と消耗、それらを結びつける氷の流動を数式によって計算し、その結果生じる氷床の大きさと形の変化を追いかけるのだ（図5-5）。

氷床モデルの開発は一九九〇年ごろから始まり、その後の盛んな研究とコンピュータの性能向上によって、より緻密で正確なモデルへと進化を続けている。当初は、過去に生じた数十万年スケールの氷床変動の再現が研究の主な目的であった。しかしながら最近は、

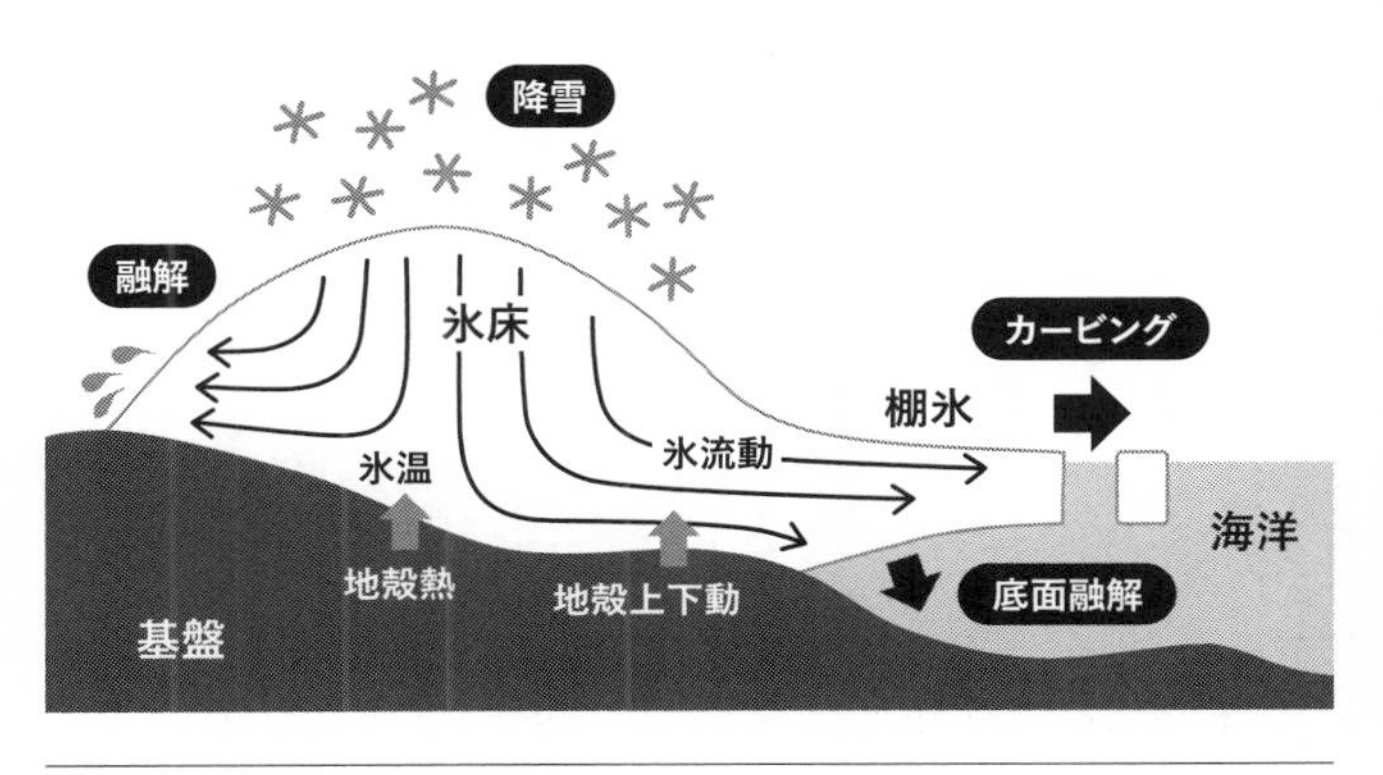

図5-5　氷床モデルが考慮するプロセス

より短い時間スケールでの将来予測にも力が注がれるようになった。

氷床モデルによるシミュレーションは、概ねふたつの作業の繰り返しである。まず、すでにわかっている基盤地形と氷の厚さにもとづいて、氷の流動を計算する。傾いたまな板の上に盛ったハチミツが流れて、数時間後にどんな形になるか推定するようなものだ。

このときに重要なのは氷の温度と基盤地形である。氷はハチミツと同じで、温かければ柔らかくて流れやすい。そこで、気温や地殻からの熱流量を考慮して、氷床内部の温度分布を計算する必要がある。

また、まな板の凹凸がハチミツの流れに影響するのと同じように、正確な流動計算には氷床底面の地形データが重要である。最近はデータの蓄積によって、氷の下の基盤に対して詳細な標高マップが得られるようになった（図1-5下）。また、氷河性地殻均衡によって基盤が上下に動いていれば、それも考慮して補正する（図5-5）。

たとえば一年間の流動で、氷床がどう形を変えるか計算できたとしよう。今度は一年間分の質量収支（涵養と消耗）を足し引きする。すなわち、氷床表面には一年間の降雪を涵養量として加え、融解が起きていればそれを差し引く。棚氷の底面では融解を、海との境界ではカービングを差し引く（図5-5）。

降雪や融解は大気の状態にコントロールされ、棚氷の底面融解は海水の温度や循環に影響を受ける。したがって涵養量と消耗量の決定には、大気と海洋を含んだ気候モデルとの連携が望ましい。

たとえば、気候モデルによって将来の気温と降雪量の変動が予測されていれば、その予測値を使って表面質量収支を与える。棚氷の底面融解は推定が容易でないが、たとえば気候モデルが予測する海水温を使って、その温度を含む数式として与えられる。流動と質量収支、それぞれの計算によって一年後の氷床の形が決まる。今度はその新しい形にもとづいて流動を計算し、質量収支を加えれば、二年後の氷床が推定できる。これを繰り返すことによって、ある気候条件の下で氷床がどのように形を変えていくか、時間を追って解析するのである。

実際の計算では氷床をたくさんの小さな部分に分けておいて、それぞれの部分毎に氷の変化を評価する（図5-6）。ある部分への氷の出入りを考えると、流動によって上流側から氷が流入する（①）一方で、下流へ氷が流出していく（②）。また表面では降雪や融解にともなう

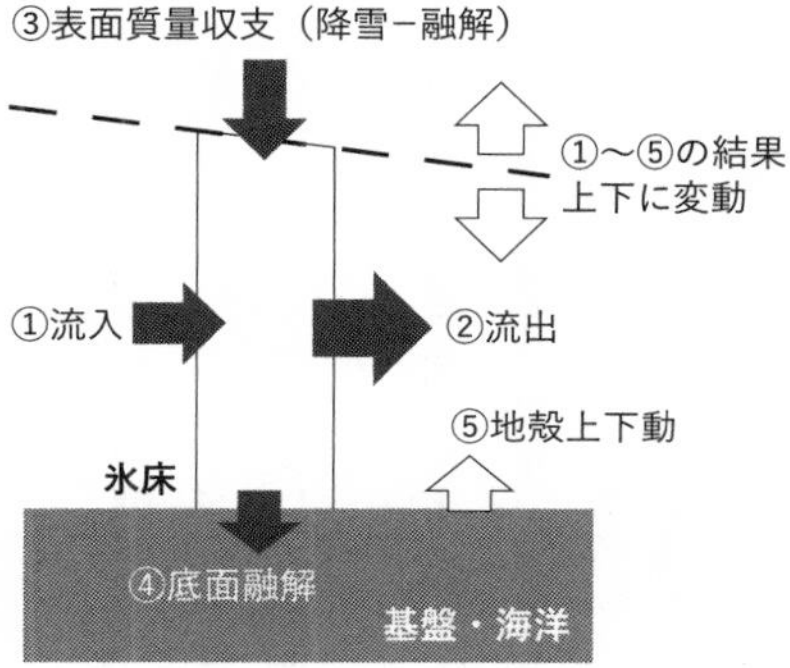

図5-6　氷床モデルの概念図。①～④の総和で決まる氷量の増減に、⑤を加えた結果として表面高度が変動する

表面質量収支（③）が加わり、場所によっては底面融解が起きる（④）。

これら①～④を足し合わせれば、この部分における氷の増減がわかり、基盤の上下動（⑤）を加えれば氷床の表面高度が決まる。一般的には、より小さく、よりたくさんの部分に分けることが望ましいが、計算に長い時間がかかる。コンピュータの性能次第ではあるが、ふつうは数キロメートルから数十キロメートルの大きさに区切って計算が行われている。

予測に幅がある理由

端的にいうと、氷床を小さな部分に分けて、流動と質量収支にもとづいて氷の変化を計算するコンピュータ・プログラムが氷床モデルである。

氷の流動や温度の計算には、いくつもの物理法則と計算上の工夫が盛り込まれる。また、表面質量収支、棚氷の底面融解やカービングによって出入りする氷の量をどのように与えるかも、研究者が工夫を重ねる部分である。さらに、氷床を部分に分割する方法やそのサイズにもさまざまな選択肢がある。それぞれに特徴を持った、似ているようで異なる氷床モデルが多数開発されている。

図5－4で比較したのは、その中から選ばれた九つのモデルによる研究結果であった。つまり、研究グループによって将来予測が異なるのは、氷床モデルが採用する計算手法や技術が異なるからである。たとえば、底面融解量を計算する数式が異なれば、同じ海水温の下でも予想される氷床変動は異なる。いわゆるモデル間の不確定性である。

さらに、どの研究グループが示す結果にも、大なり小なり幅があるのはなぜか。その最大の理由は、氷床変動を駆動する気候や海洋の将来変化に、不確定性があるからだ。

今後の気候変動は、人類が排出する温室効果ガスに左右される。ご存じの通り、二酸化炭素の排出量について盛んに議論と交渉が行われており、将来の温室効果ガス濃度は各国の対応によって大きく変わってくる。

もっとも、たとえ温室効果ガスの濃度変化が正確に予測できたとしても、一〇〇年はおろか数十年先でさえ、気候を正確に予測することは難しい。本章の冒頭で述べた通り、氷床、海洋、大気が関わる複雑な相互作用が、氷期から間氷期への急激な気候変動を駆動した。未だそのメカニズムも完全に理解されておらず、複雑な気候システムの将来を正確に予測するための知識は不十分といえる。

地球の将来を決定づける「シナリオ」

将来の地球環境変動は、大気、海洋、陸域の自然現象を結びつけた、「全球気候モデル」によって予測される。そのような数値モデルを使ったシミュレーションは、二酸化炭素に代表される温室効果ガスの排出量、土地の利用、生物活動、炭素循環など、地球環境に関わる将来へのさまざまな「シナリオ」（仮に定めた筋書き）にもとづいて行われる。将来の環境は私たち人間の活動によって変わるので、シナリオはある程度の幅を持って考えざるを得ない。

たとえばＩＰＣＣ第五次評価報告書では、温室効果ガスの排出を私たちが最大限に減らした場合（RCP2.6）から、考えられる範囲で最大の排出量となる場合（RCP8.5）まで、RCP（Representative Concentration Pathways：代表的濃度経路）と呼ばれるいくつかのシナリオを仮定した。

これらの各シナリオの下で二一〇〇年までに生じる大気と海水の温度上昇は、それぞれ一～四度と一～三度である（図5-7）。つまり、シナリオによって温暖化の度合いは全く異なる。さらに、いくつもある気候モデルによって予測が異なるので、その幅はもっと大きくなる。氷床モデルの入力条件となる気候にこのような幅があるので、同じ氷床モデルの結果にも不確定性が生まれるのである。

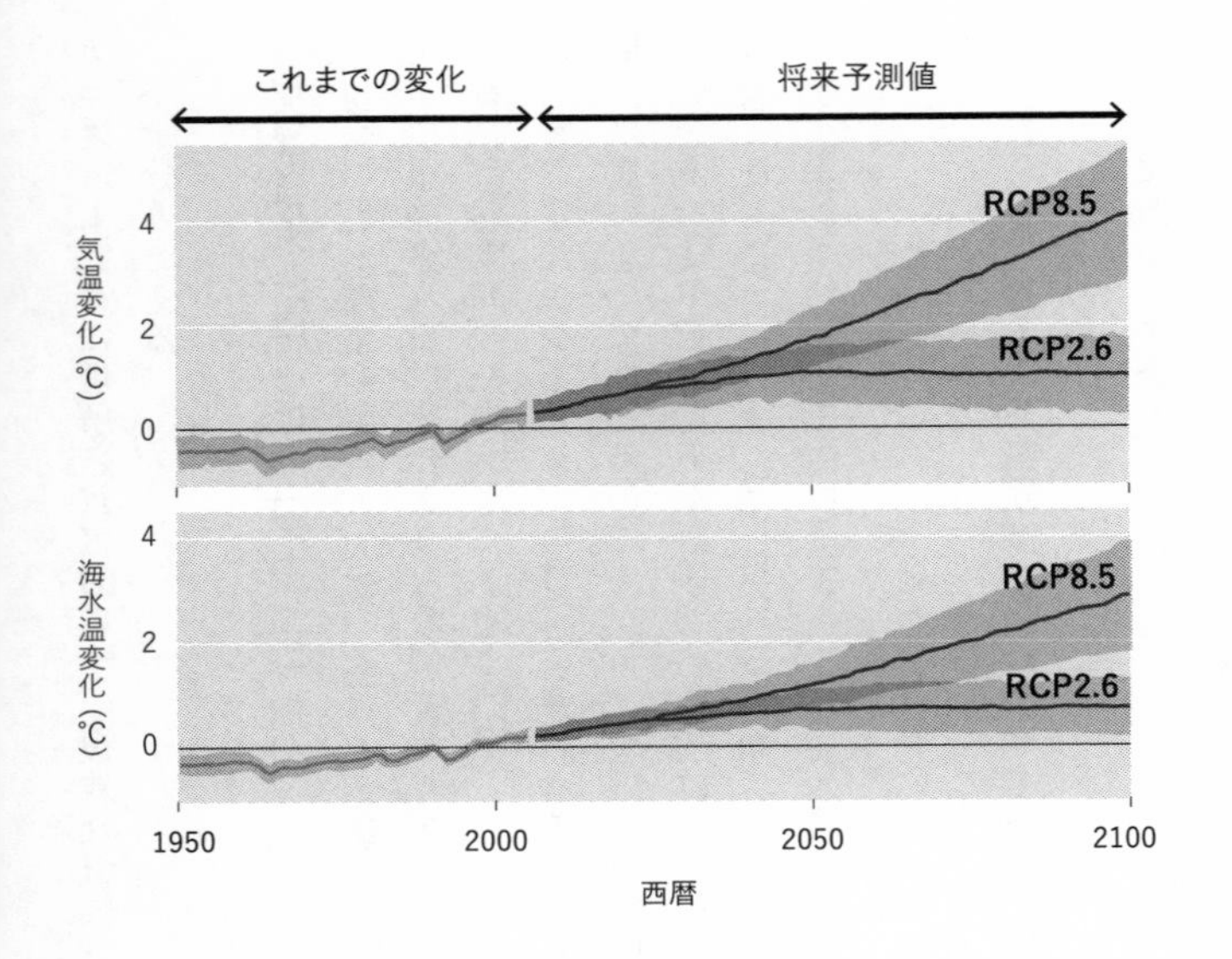

図 5-7 気候モデルによって計算された、2100 年までの気温および海面付近の水温変化（1986 〜 2005 年の平均値に対する値）。将来予測は、今後の温室効果ガスの排出が抑制された場合（RCP2.6）と、最大の場合（RCP8.5）に対する値（IPCC, 2019）。灰色の帯は、異なる気候モデルが示す結果のばらつき

比較的大きな不確定性はあるものの、一〇〇年間で、海水準に直して一〇センチメートルから最大一・五メートルの氷損失が予測されていることがわかった（図5－4）。数値モデルによって示された氷床の未来はどんなものであるのか、その詳細を見てみよう。

今後一〇〇年間の変動予測

氷床モデルによる将来予測の一例として、二〇一九年に発表された研究成果を紹介する（図5－8）。この研究では、氷床の融け水が海洋に与える影響も考慮して、一九〇〇～二一〇〇年の氷床変動を計算している。

まず、氷床変動の要因となる涵養（表面質量収支）と消耗（棚氷底面融解・カービング）、それぞれの変化を見てみよう（図5－8上）。

表面質量収支は緩やかに増加している。すなわち、氷床の涵養量は増えつつある。この傾向は、気温の上昇によって降雪が増えるとの見方と整合的である。次にカービングによる消耗は、数十年スケールで上下にふらつきながらも、今後一〇〇年はゆっくりと減少傾向にある。降雪が増えて、流出する氷山が減る。ここまでは氷床にとって良いニュースである。

しかしながら、棚氷の底面融解によって氷床の未来は暗転する。一九〇〇年には年間約五〇〇ギガトンだった融解量は二〇〇〇年までゆっくりと増加した後、今後一〇〇年間で五〇〇〇ギガトンまで急増すると予測されている（図5－8上）。二〇〇〇年のあいだに融解量が一〇倍に

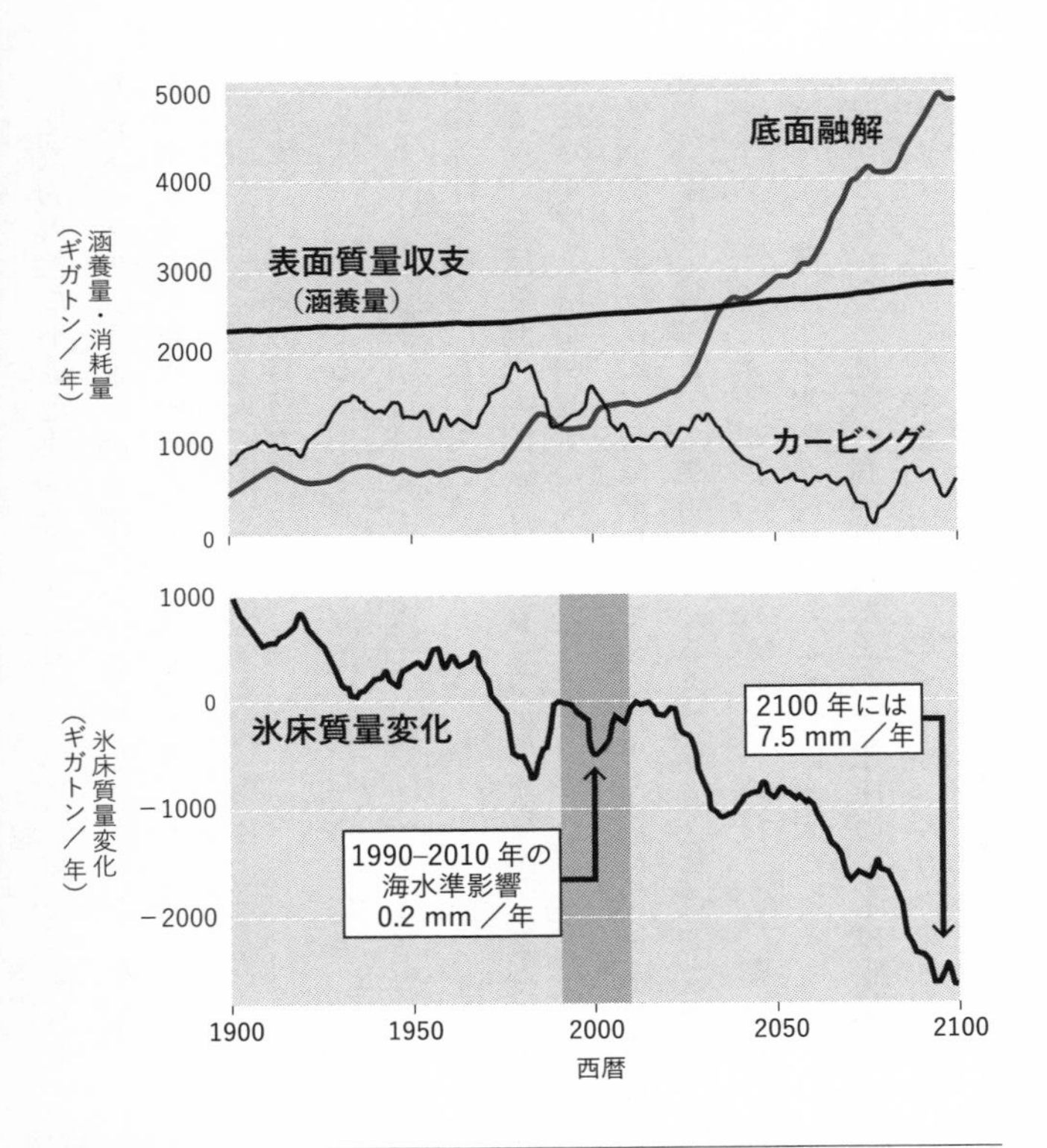

図 5-8　氷床モデルによって推定された、涵養・消耗量・氷床質量変化（Golledge et al., 2019）。このモデルの予測では、南極氷床の融解に伴う海水準上昇速度は、現在の毎年 0.2 ミリメートルから、2100 年には毎年7.5ミリメートルまで増加する

増えるのだから驚かされる。

融解が増える原因は海水の温暖化であり、海の温度が上がる背景には大気の温暖化と、前章でも触れたように強まる偏西風の影響がある。さらに研究者らは、南極から流れ出す淡水が海面を覆ってしまうと、沿岸に湧き上がってくる周極深層水（図4－8）が表層まで浮上できなくなるという。その結果、深層水が温かいまま深みに残って、海洋内部の温暖化が加速するとしている。氷床融解によって海水温度が上昇し、温まった海が棚氷の融解を促進する、正のフィードバックである。

氷床の質量変化は、表面質量収支からカービングと底面融解を差し引いて求められる。底面融解の増加が主な原因となって、今後二一〇〇年までに質量損失が大きく加速することが示されている（図5－8下）。二〇〇〇年の前後一〇年間を平均すれば、氷床の縮小傾向はまだ小さくて、毎年失われる氷は〇・二ミリメートルの海水準上昇に相当する。これが二一〇〇年には七・五ミリメートル、四〇倍近くまで跳ね上がる。南極氷床の融解だけで、二〇世紀の五倍以上の速度で海水準が上昇する計算になる。

図5－8下を見れば、現在はまだゆっくりと進行している氷床融解が、この先一〇〇年で大きく加速する様子がよくわかる。しかもここで紹介した見積もりは、数ある研究の中でも比較的控えめなものである（図5－4の研究結果②）。それでも、これほど急激な融解加速が予測されているのだ。

さらに、二一世紀末までに海水準相当で一・五メートルを超える大きな融解を予測している他の研究グループも存在する（図5－4の⑦〜⑨）。次節でさらに詳しく見ていこう。

3 急激な氷床変動は本当に起きるのか

急激な氷床変動をもたらす要因

前節で紹介した研究が示すように、棚氷とその底面融解が将来変動の鍵を握っている。しかしながら、何度か繰り返したように、棚氷が融けても海水準には影響しない。それではなぜ海水準が上がるかといえば、底面融解によって棚氷が縮小した結果として、氷河が加速して海への流出が増えるからである。海水の全体量が増えるのは、陸上の氷が海に流出したときである。氷が接地線を越えてざぶんと海に浮いたときにはもう、水を押しのけて海水面を上げているのだ。

今後、しばらく経てば氷の流出は収まるのか。それとも、どんどん加速する可能性があるのか。最近注目されているふたつの氷床変動メカニズムは、後者の未来を予測するものである。

いったいどんなメカニズムが働くというのだろうか。

要因① 海洋性氷床の不安定性

そのひとつは、内陸に向かって深くなる基盤地形の上で、海に浸かった氷床の後退が止まらなくなる現象で、「海洋性氷床の不安定性」(Marine Ice Sheet Instability)と呼ばれている。

南極大陸の基盤は、氷の浸食や氷河性地殻均衡の影響で、内陸に向けて深くなっている地域がある。西南極のアムンゼン海沿岸域や、東南極のオーロラ氷底盆地(口絵I下)はその代表といえる。そのような場所で、氷床が後退を始めるとどうなるか。棚氷の融解と氷河の加速によって氷が薄くなり、接地線が基盤のより深い方向へと後退する(図5-9上)。すると、接地線における氷の厚さが大きくなり、その一方で支えを失った氷の流れは加速する。すなわち、接地線を越えて海へ流出する氷の量が増える(流出量=厚さ×速度)。その結果また氷床が薄くなり、接地線が後退して、さらに氷の流出が増加する。

接地線の後退と、氷流出の増加に正のフィードバックがかかり、氷床の後退が止まらなくなる。このような不安定性は、海や湖に流入するグリーンランドやアラスカの氷河ですでに確認されていた。パインアイランド氷河やスウェイツ氷河の後退を受けて、氷床変動を駆動するメカニズムとしてあらためて注目を集めているものである。第三章でも触れたように、後退が始まった西南極の氷河はすでに「ティッピング・ポイント」を越えて、後戻りできない後退のル

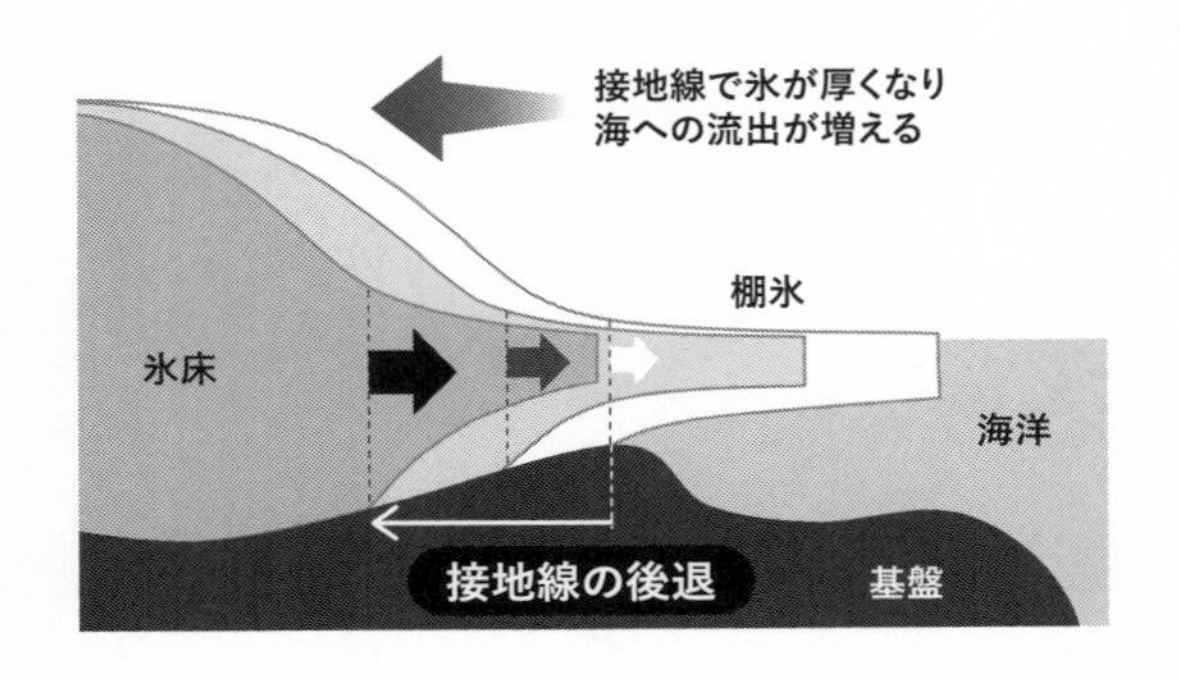

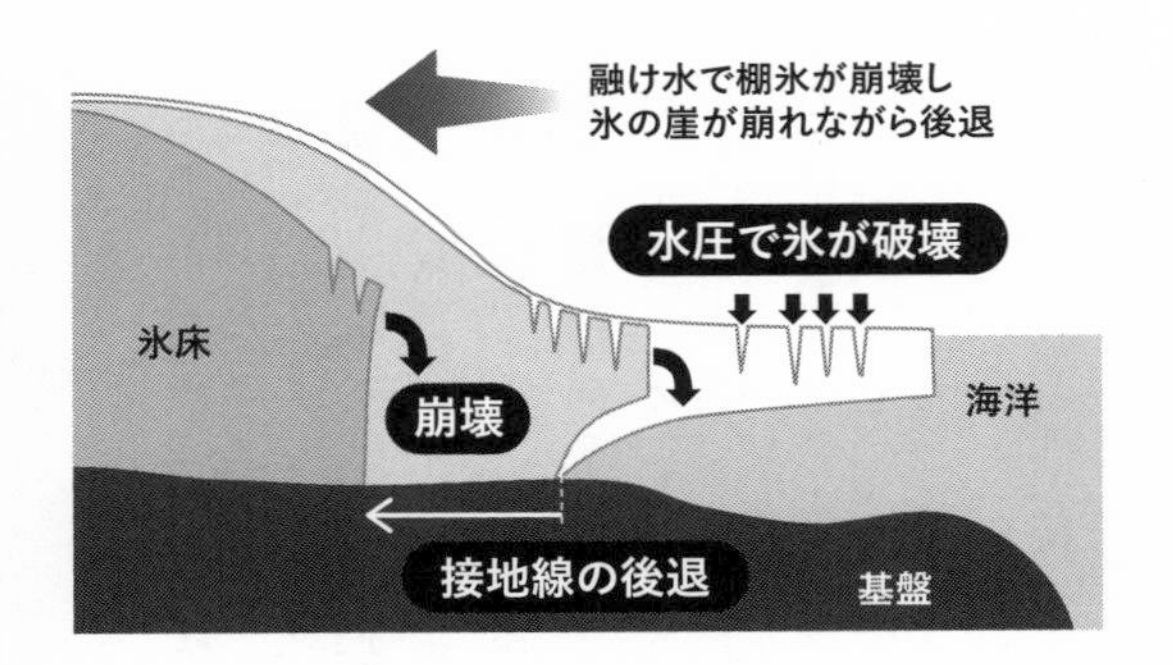

図 5-9　氷床の急激な後退を駆動するふたつのメカニズム。（上）内陸側に傾斜した基盤を持つ海洋性氷床の不安定性と、（下）海洋に流入する氷崖の不安定性

ープに入ったとする声が大きい。東南極のトッテン氷河やデンマン氷河でも、今後同じような「不安定性」のスイッチが入る可能性がある。

多くの氷床モデルは、この「海洋性氷床の不安定性」が各地で進行することを予測している。海洋の変化をきっかけとして、自身が内包する脆弱性によって氷床が後退・融解に向かうとするシナリオである。しかしながら、このようなメカニズムをシミュレーションに含めても、二一〇〇年までに失われる氷の量は海水準にして最大四〇センチメートル程度である（図5-4の①〜⑥）。一メートルを超える海水準上昇をもたらすのは、もうひとつのメカニズムである。

要因② 海洋性氷崖の不安定性

氷のもろさに着目した研究者によって最近提唱されているのが、「海洋性氷崖の不安定性」（Marine Ice Cliff Instability）と呼ばれるプロセスである。「氷の崖」、すなわち海に浸かった氷の末端部がその鍵となる。

もし氷床から棚氷がなくなったらどうなるか想像してほしい。海に浸かった氷の末端は接地線まで後退し、基盤からそそり立つ氷の崖になるだろう。そのような氷床末端の崖は、棚氷があまり形成されないグリーンランドをはじめ、海に流入する世界各地の氷河で一般的に見られるものである（大きな棚氷が発達するのは南極氷床だけ）。この崖は、海水面よりも高すぎると自重で崩壊してしまう。たとえば高層ビルのように大きな氷のブロックを地面に置いたとすれば、氷自身の荷重で足元から崩れてしまう。つまり南極氷床の接地線付近では、そのままで立っていられない厚い氷が、海水と棚氷によって支えられているのである。

もし南極半島で起きたように、棚氷が急激に崩壊して失われたらどうなるか。むき出しになった氷の崖は高すぎるので、次々と崩壊して後退するのではないか(図5-9下)。これが「海洋性氷崖の不安定性」である。この仮説が提唱された背景には、ラーセン棚氷の崩壊がある。今後、氷床沿岸で気温が上がれば、棚氷の上でより多くの融け水が発生する。第三章で触れたように、この水がクレバスに流れ込んで氷を砕くメカニズムが働けば、ラーセン棚氷と同様の崩壊が各地で起きるかもしれない。棚氷が失われてしまえば、支えを失った氷の崖が崩れていくばかりだ(図5-9下)。

このメカニズムが恐ろしいのは、氷床底面が内陸に向かって傾いていなくても進行する点である。「海洋性氷床の不安定性」の対象になるのは、基盤が内陸に向かって傾いた西南極と東南極の一部に限られる。一方で「海洋性氷崖の不安定性」は、圧倒的に大きな氷を抱える東南極の多くの地域で氷を蝕むことが予想される。

図5-4の⑦~⑨は、この新しいプロセスを考えに入れた氷床モデルによる将来予測である。これらの結果は失われる氷の上限値が高いだけでなく、モデル内の不確定性も大きい。すなわち、よくわかっていない現象を組み込んでいるので結果がはっきりしない。氷の崖が崩れる現象だけでなく、果たして温暖化によって融け水が増えるのか、本当に融け水の働きで棚氷が崩

壊するのか、研究者のあいだでも盛んに議論が行われている。いくつかの鍵となるプロセスについて、理論的な考察や精密な数値シミュレーション、さらに南極での観測にもとづいた「証拠」の蓄積が期待されている。

4 南極を覆う「不穏なシナリオ」

二一〇〇年の南極

二〇一九年のIPCC特別報告書では、私たちの次世代が暮らす二一〇〇年までの環境変化が焦点となった。氷床モデルによって示された南極氷床の将来変動を、その他の地域にある氷河・氷床の変動や海水膨張の予測値と合わせて、これからの海水準上昇が推定されている。

温室効果ガスが今後も制限なしで排出される場合（RCP8.5シナリオ）、二一世紀末には海水準が八四センチメートル、不確定幅を見込めば最大一・一メートル上がる（図5－10）。その原因の約半分が氷河・氷床であり、南極氷床の融解が全体に占める割合は一四パーセントである。この割合は今とそれほど変わらない（図4－2）。南極だけでなく、グリーンランド氷床

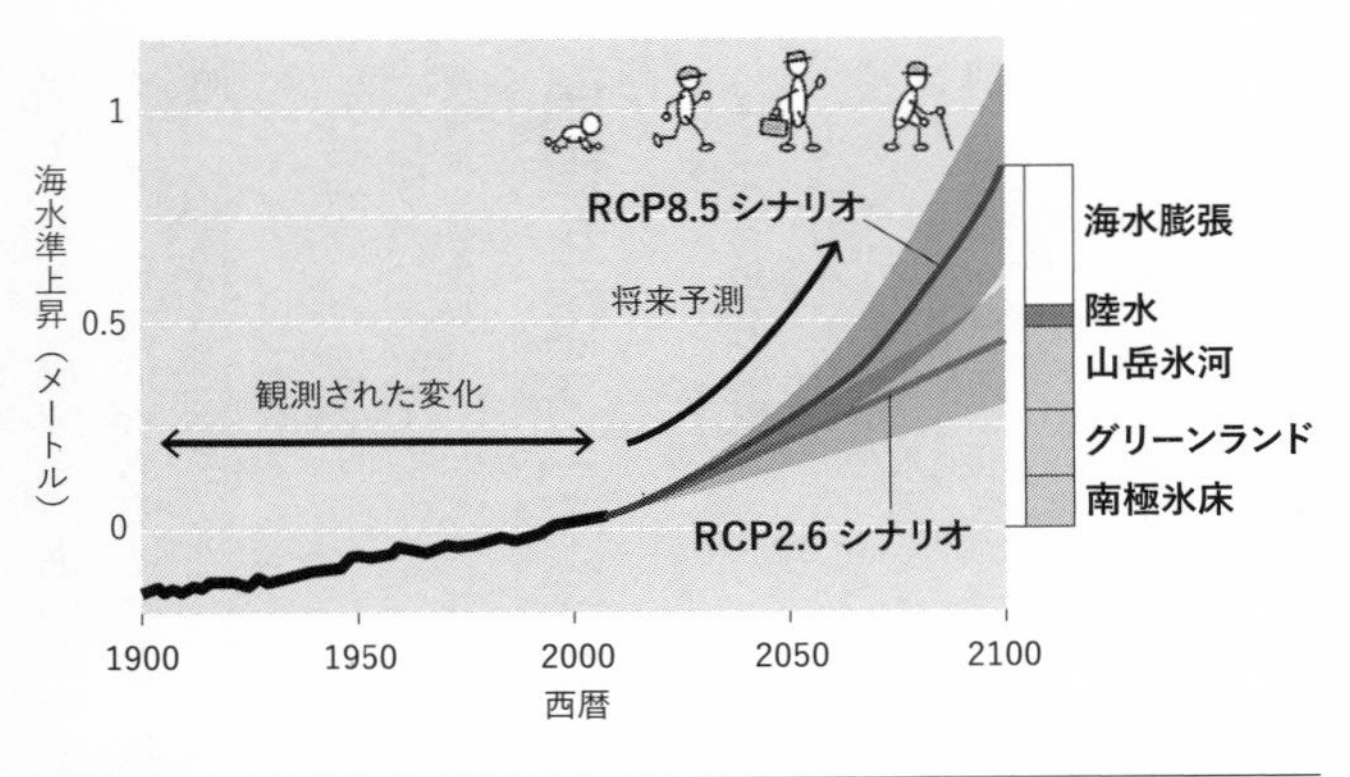

図 5-10　20世紀に観測された海水準上昇と、2100年までの将来予測。温室効果ガスの排出が抑制された場合（RCP2.6）と、最大の場合（RCP8.5）の気候変動を仮定（図 5-7 参照）。棒グラフは、RCP8.5 シナリオの下で 2100年までに生じる海水準上昇の原因内訳（IPCC, 2019）

や各地の山岳氷河でも融解が進んでおり、海水の熱膨張も現在よりはずっと大きいからだ。

このIPCCの予測には、極端な氷床変動をもたらす「海洋性氷崖の不安定性」（図5－9下）は含まれていない。特別報告書をまとめた研究者らは、この新しいプロセスの重要性を認めながらも、そのような不安定性が本当にはたらくのか、研究分野内での合意は得られていないと判断した。

もし「海洋性氷崖の不安定性」を考慮したモデルが予測するように、海水準で最大一・五メートルに達する氷床融解が起きれば（図5－4）、二一〇〇年までの海水準上昇は二倍以上に膨れ上がる。

このような南極氷床変動の大きな不確

定性を踏まえて、特別報告書には、「氷床の不安定性がもたらす影響の重要性を評価することは困難で、二一〇〇年以降に南極氷床が海水準に与える影響の大きさは、深い不確定性（deep uncertainty）に覆われている」と記されている。南極氷床はまさに、海水準と地球環境の将来にとって最大の不確定要素なのである。

ＩＰＣＣが「深い」と形容した氷床変動の不確定性はどのくらいのものなのか。「海洋性氷崖の不安定性」が実際に起きたときに予想される、西暦二五〇〇年の南極の姿を見てみよう。

二五〇〇年の南極

温室効果ガスを減らすよう最大限の努力が行われた場合（RCP2.6シナリオ）、二五〇〇年までに生じる氷床融解は海水準に直して二五センチメートル（図５－11上、灰色線）。二一〇〇年の段階で一二センチメートルまで上昇した後、その変化は比較的ゆっくりとしている。これが、温室効果ガスの排出が十分に抑えられたときに期待できる最善の値、と理解してほしい。この程度の変化であれば、南極氷床の見た目は今とそれほど変わらない（図５－11下右）。

一方で、今後ますます排出量が増えれば（RCP8.5シナリオ）、氷床融解によって起きる海水準上昇は一五メートルを超える（図５－11上、黒線）。前章（図４－４）で日本国土への影響を見積もった五メートルの三倍である。

全質量の四分の一に相当する氷を失った南極は、見るも無残な形となる（図５－11下左）。棚

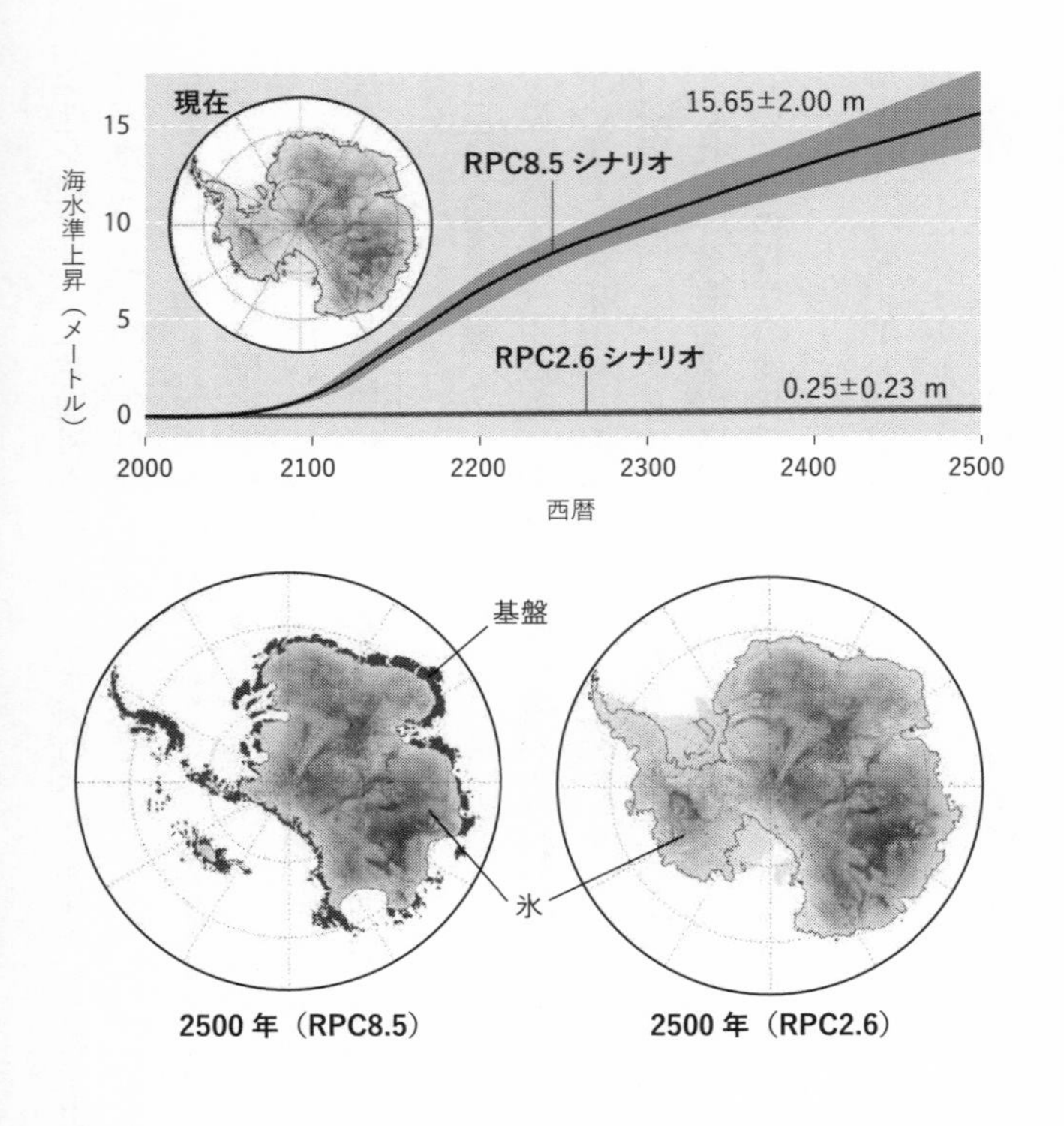

図 5-11 南極氷床の融解によって生じる海水準上昇の将来予測。温室効果ガスの排出が抑制された場合（RCP2.6）と、最大の場合（RCP8.5）の気候変動を仮定（図 5-7 参照）。下図はそれぞれのシナリオにおける西暦2500 年の南極の姿（DeConto and Pollard, 2016）

氷を失った氷床は陸の上まで後退し、沿岸には陸地が現れる。西南極の氷はほとんど消えて、南極半島は細長い島となってしまう。

あくまでここで示した結果は、ある氷床モデルによる、ふたつの極端な気候状態を仮定したシミュレーション結果である。とはいえ、その予測値が持つ広い幅と、上限値（海水準相当一五メートル）の大きさには驚かされる。最後に、なぜ南極氷床の将来予測に不確定性が大きいのか、その原因をあらためてまとめてみよう。

三つの不確定性

まず先行き不透明なのが、温室効果ガスの排出量である。各国の規制や技術革新などによって、今後の排出量はいかようにも変化する。近年生じた唐突な二酸化炭素濃度の変化（図5－3）。この不自然なグラフがこの先どのように推移するのか、その予測はとても難しい。

さらに、たとえ将来の大気に含まれる温室効果ガスの濃度を仮定したとしても、さまざまな気候モデルが示す気温変化には大きな幅がある（図5－7）。そもそも急増する温室効果ガスの下で起きる気候変動は、現在の科学では完全には予測できないのである。

これは気温だけではない。氷床の涵養をつかさどる降雪量、棚氷を融かす海水温、これらを正確に予測することも難しい。氷期・間氷期の気候変動を見れば（図5－2）、大気・海洋・氷床の相互作用の複雑さは明らかである。この複雑な地球システムをコンピュータ上に表現するために、「地球システムモデル」の開発が進められているところである。大気、海洋、陸だけでなく、そこに生物が活動して炭素が循環する「システム」としての地球の再現が期待されている。

そして最後に、氷床モデルそのものが不確定性を抱えている。南極における観測はまだまだ不完全で、氷の流動、棚氷の底面融解、カービング、融け水による棚氷の崩壊、といった重要な物理プロセスが十分に解明されていない。さらに、氷床の底面地形や地殻熱流量など、数値モデルの基本条件となる情報がまだまだ不足している。

果たして各地で棚氷の崩壊が起こりうるのか、氷河がどのくらい加速するのか、「海洋性氷崖の不安定性」が現実のものとなるのか、これらを正確に再現する氷床モデルが求められている。それを実現するためには、ますます高度化する人工衛星による観測と、南極の厳しい環境下での現地観測によって、新しい発見と、地道なデータの蓄積を重ねていくしかない。

人類にコントロールできる「唯一の不確定性」

右で私は、「温室効果ガスの排出量」「気候モデル」「氷床モデル」という、氷床の将来を考える上で重要な三つの不確定性を説明した。賢明な読者は、最初に示した「温室効果ガスの排出量」が、その他ふたつの不確定性と異なる性格を持つことに気づかれたかもしれない。

気候モデルの不確定性も、氷床モデルの不確定性も、この先起きる実際の氷床変動には何の影響も与えない。科学者が予測する地球や南極の将来像がぼやけるだけである。氷床は科学者のいうことなど一向に構わずに、気候の影響を受けて粛々と変化するであろう。しかしながら、私たちが今後排出する温室効果ガスは、将来の気候変動を確実に左右する。その結果が、南極の未来を決める。

温室効果ガスの排出量に左右される将来の気候の不確定性は、私たちに与えられた選択幅と考えることもできる。どのシナリオを選択するかは、氷河・氷床の中でも、特に南極氷床にとって大きな意味を持つ。グリーンランド氷床と山岳氷河は、二一世紀の温暖化によって致命的な融解が予想されており、その修正は困難である。その一方で南極氷床は、二一〇〇年までの融解量は比較的小さい。むしろそれ以降、数百年のスケールで桁違いに大きな変化が起きる可能性がある（図5－11）。南極の将来については、他地域の氷河・氷床と比較してより大きな選択の余地が人類に与えられているといえよう。

もちろん、気候モデルと氷床モデルが抱える不確定性を小さくする努力も重要である。人類にいくつかの選択肢があったとして、それぞれを選んだ結果、気候と氷床にどのような変化が生じるか、その関係がはっきりしなければ温室効果ガスの排出対策を立てることは難しい。及ぼす効果が明確になってこそ、適切な将来対策を取ることができるのである。地球システムに対する科学的理解の向上と、人類活動に対する適切な将来構想が、将来の地球環境をコントロールする両輪となる。研究者のさらなる努力と、社会の行動が求められているのだ。

コラム5

ラングホブデ氷河で棚氷の下を覗く

二〇一二年と二〇一八年に、私は昭和基地の近くにあるラングホブデ氷河で、棚氷の掘削と観測を行った（口絵V）。今まさに氷床の変化を駆動している氷床・海洋相互作用を、棚氷の下で直接観測するためである。四〇〇メートルを超える厚い氷の下にアクセスするためには、「熱水掘削」の技術が必要となる。

これは読んで字のごとく、熱湯で氷を融かしながら氷河を掘削する手法である（口絵V中）。一時間に数十メートルから一〇〇メートルの速度で縦孔をあけて、氷河の内部や底面で測定やサンプリングを行うのだ。南極では限られた研究グループによって熱水掘削が実施され、棚氷下の海洋観測の他、氷底湖の探査にも使用されている。

私はスイスの大学に勤めていたときにこの技術を学び、日本に戻って独自のシステムを開発した。スイスやパタゴニアの氷河で経験を積んだ後、初めて棚氷の掘削に挑戦することになった。日本の観測隊では、氷床の熱水掘削は初めての試みである。研究プロジェクトの提案から始まって、事前の準備に十分な時間をかけて現地での観測に望んだ。

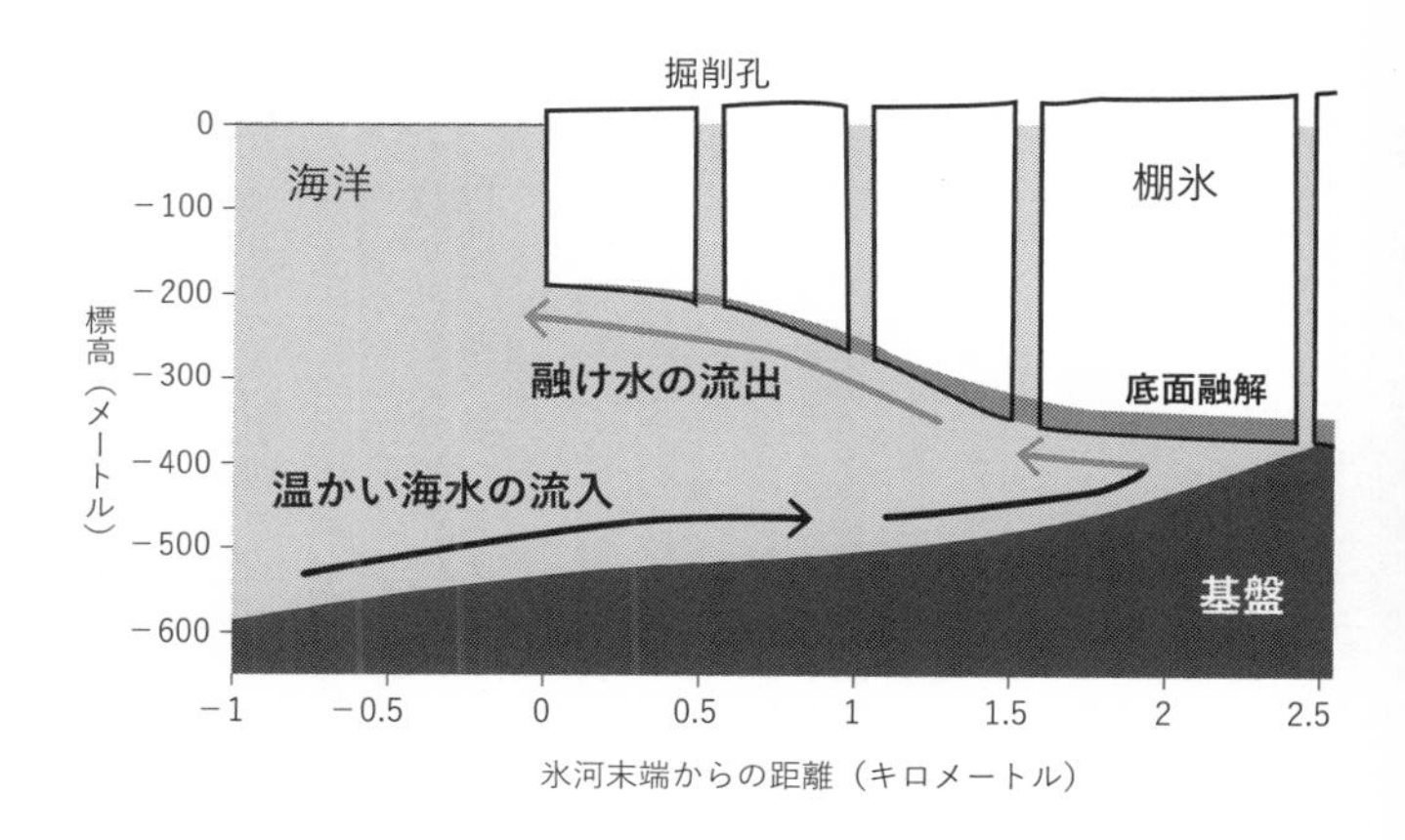

図 コラム 5-1　掘削孔を使った観測によって明らかになった、ラングホブデ氷河の棚氷下海洋循環と底面融解

二度の観測によって合計四〇〇メートル以上の氷を掘削し、棚氷の下で観測とサンプリングを行った。その結果、氷の下には融解温度よりも温かい海水が流れ込んでおり、棚氷の全体で底面が融けていることが明らかになった（図コラム5－1）。融ける氷は毎年一～二メートル。掘削孔に降ろしたカメラによって、融けて凸凹になった氷の様子も確認された（口絵V下左）。海の深くから流入する海水が熱を運んで、棚氷の一番奥まった場所で氷を融かす。融け水を含んで密度が小さくなった海水は、氷に沿って浮き上がって外洋へ流出する。これまで想像されていた海洋循環の全貌を、初めて直接的に捉えることができた。

さらに私たちが驚いたのは、厚い氷の

下、暗く冷たく狭いスペースに生物がいたことだ。水中カメラの映像を確認すると、海底にさまざまな生き物が写っていた（口絵Ⅴ下右）。

人工衛星による観測が発達した今でも、その場に行かないと測定できないことが南極にはたくさん残っている。困難な現地観測によってのみ得られるデータの蓄積が、氷床の正しい理解につながる。そして何より、誰も知らない南極の姿を自らの手で明らかにするというワクワク感が、現地に通う私のモチベーションである。

終章

そして、私たちは何をすべきか
〝最悪のシナリオ〟vs. 科学と社会の力

1 ＩＰＣＣ第六次評価報告書が示す未来

二〇二一年八月、ＩＰＣＣ第六次評価報告の第一作業部会報告書が公表された。他の作業部会に先立って、気候変動に関する最新の自然科学的根拠を示したものである。

前回の報告書から八年が経っているが、そのあいだには、本書で度々参照した「変化する気候下での海洋・雪氷圏に関する特別報告書」や、気温上昇が一・五度に達したときのインパクトをまとめた「一・五度特別報告書」などが公開されている。数年ごとに新しい知見をもたらす気候研究の発展には目を見張るものがある。またそのわずか数年のあいだにも、気候と環境の変化が目に見えて進んでいることにも驚かされる。

最悪どのくらい海水準が上がるのか

南極氷床の変動に関する記述は、二〇一九年の特別報告書から大きな変化はない。過去三〇年にわたって氷床が縮小して、海水準の上昇に影響を与えている。南極で失われている氷の量は、今のところ山岳氷河とグリーンランド氷床よりは小さいものの、二一世紀に入って徐々に増加傾向にある。

南極について特に強く触れられているのは、「最悪どのくらい海水準が上がるのか」という観点である。「今世紀の終わりまで海水準が上昇を続けることはほぼ確実」とした上で、南極氷床の変動次第では「二一〇〇年までに二メートル、二一五〇年までに五メートルに迫る可能性も完全には否定できない」としている。また南極が大きく氷を失う可能性については、特別に枠を設けて詳しい説明がなされている。

今後、南極で海洋性氷床の不安定性がどの程度進むのか、果たして海洋性氷崖の不安定性が現実のものとなるのか、すなわち「深い不確定性」がその鍵を握っている（図5－9、第五章3と4）。第六次評価報告書では、そのような急激な変化が真っ先に起きうる場所としてスウェイツ氷河を挙げ、今後の監視が重要としている。

人間活動が気候変動の原因

ＩＰＣＣが出版する報告書の冒頭には、「政策決定者に向けた要約」という別冊が付される。気候変動の専門家でなくても、膨大な本文のエッセンスを理解できるように工夫された、短くインパクトのある総集編である。現在の気候変動について、最も大切なメッセージを凝縮したこの要約を読んで、私が感じたふたつのポイントを紹介したい。

ひとつ目は、今起きている急激な気候変動の原因が「人間活動」にあることを明言している点である。要約は次の一文で始まる。「人間活動の影響で、大気、海洋、陸地が温暖化したことに疑う余地はない」。ちなみに第五次評価報告書の要約は、「気候システムの温暖化は疑う余地はない」で始まっていた。もちろん八年前も「人間活動の気候への影響は明瞭」とされていたが、今回最初の一文で強く記されるようになったのは印象的である。

現在の気温を一九世紀と比較すると、温室効果ガスの増加によって一・五度温暖化している。またその一方で、大気汚染によって空気中に微粒子が増え、太陽光がさえぎられるようになった結果、気温が〇・四度低下したこともわかっている。温室効果ガスも微粒子も、その変化の原因は人間活動である。すなわち、差し引き一・一度が人間活動による気温上昇といえる（図6-1）。

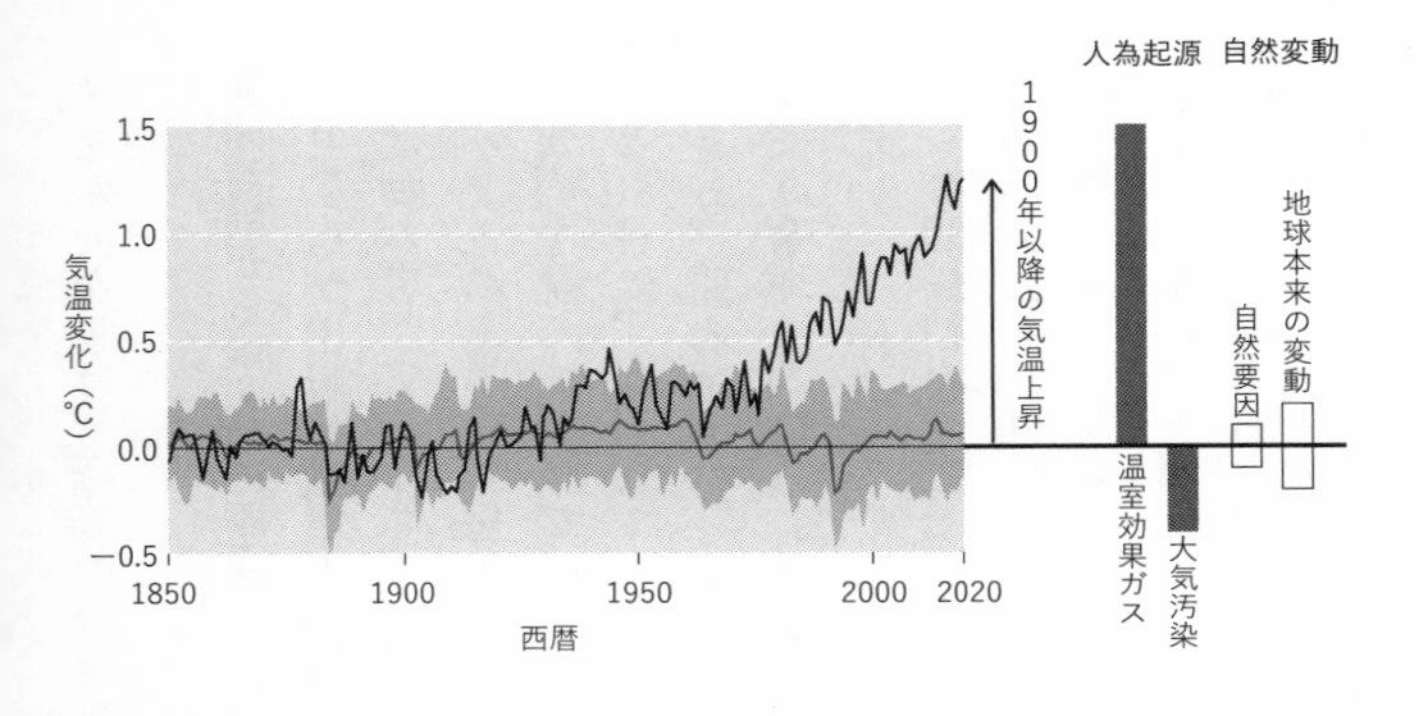

図 6-1　1850年から現在までに観測された地球の平均気温（黒線）と、人間活動の影響が無かったときの気温変動（グレー、幅は不確定性を示す）（IPCC, 2021）。棒グラフは気温変化の要因。1900年以降に起きた約１度の気温上昇が（矢印）、主に温室効果ガスの増加と大気汚染の結果であることを示す

その一方で、太陽活動や火山噴火といった自然要因の気温変化はプラスマイナス〇・一度、エルニーニョに代表される地球本来の変動はプラスマイナス〇・二度。これらの数字は観測された気温上昇よりもずっと小さい。すなわち、現在の温暖化は人間活動によるものとして間違いない。

気温上昇だけではない。熱波、豪雨、干ばつといった極端な気象が、人間活動によって引き起こされていることが示されている。この点は、前の報告書から大きく進歩した部分だ。ある気象現象がなぜ起きたのか、その原因を明らかにする数値シミュレーション技術が発展した。その結果、「大雨が増えたのは温暖化のせいなのか？」という素朴かつ重要な問

いに答えられるようになったのだ。大きな台風の数が増えており、台風にともなう豪雨が頻発している。私たちが日本で身近に感じるこのような変化も、人間活動の影響なしには説明できないと結論されている。

現在の気候変動がいかに異常か

ふたつ目のポイントは、今の地球に起きている気候と環境の変化がどのくらい異常か、過去と比較しながらより具体的に示している点である。

現在の空気に含まれる二酸化炭素の濃度は、過去二〇〇万年のあいだ記録されたことのない高い値を示している。気温は、六五〇〇年前に起きた温暖化イベントを超えており、今と同じくらい気温の高い時期を探すには、一二万五〇〇〇年前までさかのぼる必要がある。北極海の海氷は過去一〇〇〇年にわたって例のないほど小さくなっており、氷河は過去二〇〇〇年で最大のスピードで縮小している。

このように記述するためには、過去の気候と環境について正確な理解が必要だ。すなわち、氷コアの分析に代表される、古環境の研究が進んでいることの現れである。何千年も何万年も経験したことがない変化だと知れば、私たちが今経験している気候がいかに異常か実感することができる。逆にいえば、昔のことがわからなければ、現在と将来を議論することは難しい。

政策決定者向けの要約では、①過去に例のない気候変動が起きていること、②その原因が化石燃料の燃焼や土地利用といった人間活動によるものであること、という二点を明言した上で、将来の気候変動、災害リスクに直結する環境変化へと記述を進めている。そして最後に、最近耳にすることの多くなった「二酸化炭素排出ネット・ゼロ」といった対策の有効性も含めて、将来の気候変動を抑えられるのか、その可能性が述べられている。

ＩＰＣＣは「政策的に中立」な立場をとっており、各国の施策に助言するような役割は持たない。あくまで、科学的な根拠を正確にまとめることで、各国や社会の判断を助けることがその目的である。しかしながら、気候変動の事実に重きをおいていた過去の報告書から、今回その原因に強く踏み込んだ変化は大きい。各国の気候変動対策に、より大きな説得力を持つ報告書になったと感じる。

最新の報告書が伝えるメッセージとして私が受け取ったのは、以下のようなものであった。「地球の気候は急な坂を転がり落ちており、もうその変化を喰いとめることはできない。ただしその変化に少しでもブレーキをかけることは可能であり、それには社会全体の真剣な対策が必要不可欠である」

2　氷床研究のゆくえ

巨大な氷の微妙なバランス

本書執筆の大きな動機となっているのは、近年の気候変動と、氷床融解によって懸念される地球環境への影響である。しかしながら、そのような内容に加えて南極氷床そのものについて詳しく紹介する機会となったのは、正直とても嬉しい。私たちが研究する地球最大の氷のかたまりについて、地球環境に果たす重要な役割、変動メカニズム、意外にも脆弱な性質、測定技術や数値シミュレーションなど、最新の知見を伝えるのは楽しい作業であった。

そして何より伝えたかったのは、南極にはたくさんの未解決な課題が残っていることである。南極氷床の重要性はその圧倒的な大きさにあり、それゆえに氷床の研究は難しい。

図6－2を見てほしい。氷床上には、たくさんの雪が蓄積され、沿岸では棚氷の底面が融けてカービングが起きる。研究者は、それらのバランスとして起きる氷量の変化を調べている。しかし、底面融解やカービングによって失われる氷の量は、氷床全体と比較すればごくわずかだ。もし南極にまったく雪が降らなくなったとしても、今起きている消耗量によって氷床が完全に消えてしまうまでには約一万年かかる。この消耗量とほぼ同じだけ、表面質量収支（降

雪）によって氷が補充されている。両者のつり合いが完全ではないので、その差としてわずかな氷が失われている。もちろん「わずかな」というのは、あくまで氷床全体との比較であって、実際には琵琶湖の水四杯分、日本の生活用水の七〜八年分にあたる。

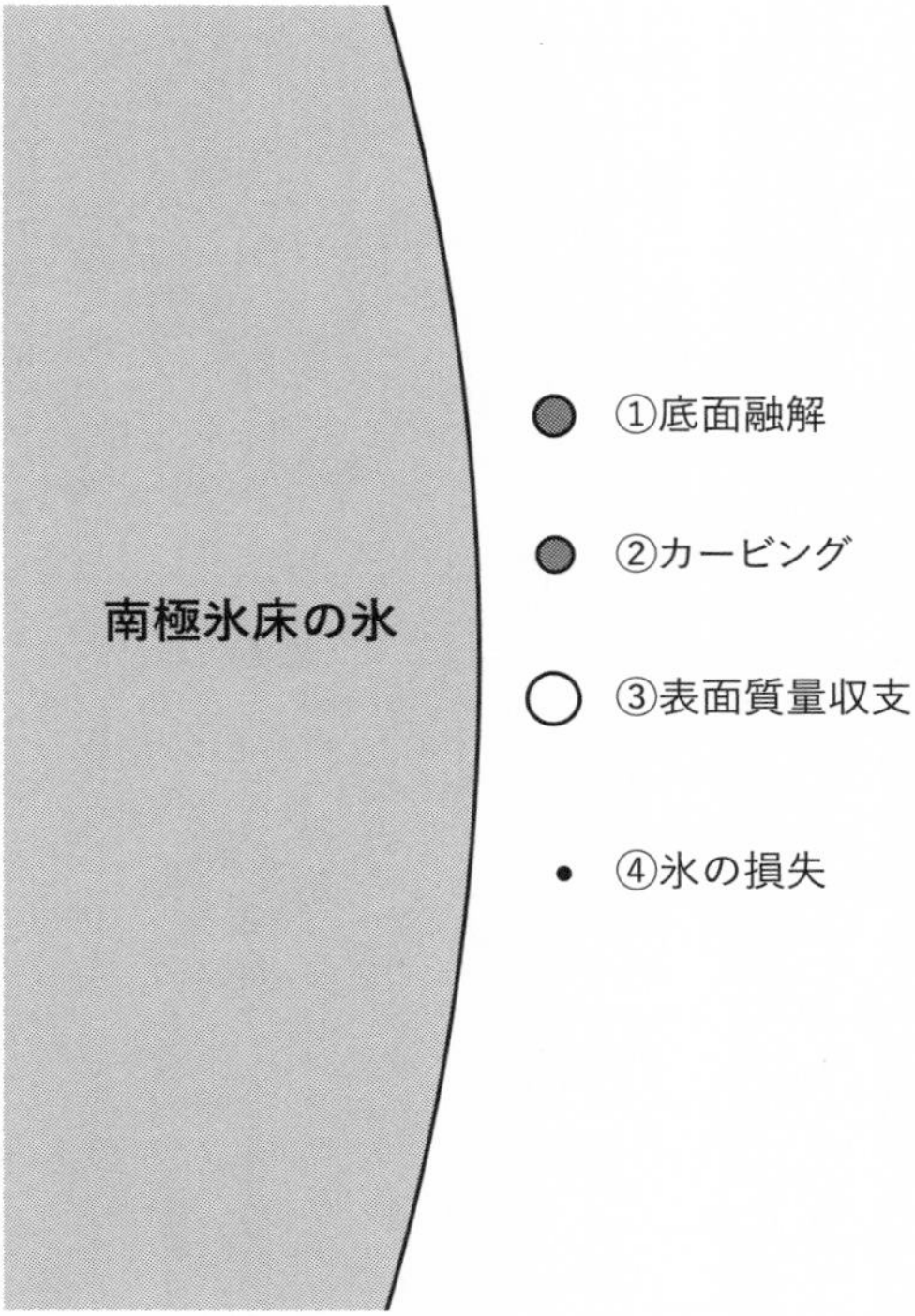

図6-2　円の面積が、一年間に起きる①底面融解、②カービング、③表面質量収支、氷の損失量（④＝③−①−②）を示す。大きな円は南極氷床の氷全量に対応する

この氷の変化量を正確に調べることがいかに難しいか、図に並んだ円の大きさから想像してもらえると思う。過去一〇年でようやく、④の小さな黒い点の大きさを議論できるようになったところである。正直、そのような測定が実現したことに驚かされるくらいだ。

図6－2からはまた、氷床が微妙なバランスによって成り立っていることも実感する。もし涵養や消耗が二倍になったら大変なことだ。しかしながら氷全量との比較でいえば、一万分の一が五千分の一になるだけである。ちょっとしたはずみで、そのくらいの変化が起きてしまうようにも感じる。

さらに私が圧倒されるのは、氷床の氷量を示す円の大きさである。米粒のような黒い点によって生じる環境変化を憂えているのに、ページからはみ出るこの巨大な氷が大きく失われればどうなるだろう。過去のデータは、この巨大な円が目に見えて拡大・縮小したことを示しているのだ。

今一度、図6－2を見ながら、氷床変動を正確に知る難しさ、氷床を支える微妙な涵養と消耗のバランス、南極に蓄えられた膨大な氷の量について、思いを巡らせてほしい。

南極の一角で真実を探る

巨大な氷床を正確に測定するためには、人工衛星による高度な観測技術が必要不可欠である。また将来の予測には氷床モデルが重要な役割を果たす。それでは、もう南極へ行って何かを調べる必要はなくなったのだろうか。

私は数年に一度、南極沿岸の氷河に出かけて、氷床から海へ流出する氷河と棚氷を観測している。このような研究をしていると、「巨大なゾウの爪の伸び縮みを調べて、ゾウ本体の健康状態がわかるの？」と同僚から揶揄されることもある。現地で相手にする氷河は大きく見えるが、確かに広大な南極氷床の縁でしかなく、南極に無数に存在する氷河のひとつに過ぎない。千手観音の数多ある指のひとつにとりついて、爪の長さを測っているようなものかもしれない。

それでも苦労して南極で観測を続ける理由は、その場に行かないと調べられない重要な課題がまだたくさん残されているからだ。私が氷床の小さな爪を調べる理由はふたつある。まず、棚氷の底面融解と氷の下の海洋環境がいまだよくわかっていないため。もうひとつは、氷河が高速で流れる原因である基盤上の滑りが理解されていないためである。どちらも現在進行中の氷床変動を駆動する重要なプロセスだが、厚い氷の下で生じているので人工衛星では測定できない。厚さ数百メートルの氷に孔をあけることで、その底で起きていることがようやく直接的に測定できるのだ。

現地に行かないと測定できないことは他にもたくさんある。たとえば氷床の涵養量が挙げられる。雪が降って溜まる、この単純な現象が人工衛星には測定できない。気候モデルによって表面質量収支の推定が行われているが、その検証にも現地データが欠かせない。降雪量の増加が予想される今後、南極での観測がますます重要となる。

現地観測でカバーできる範囲は限られる。しかしながら、たとえひとつの氷河であっても、その性質が正しく理解できれば、広い範囲にその法則が適用できることが多い。氷床モデルによる将来予測においても、底面融解と底面滑りに関する理解の不足が不確定性の原因となっている。

人工衛星技術を活用した氷床変動の正確な測定、現地観測に基づいた各プロセスの正確な理解、さらにそれらの知見に基づいた精緻な氷床モデルの構築。これら三位一体の取り組みが重要なのである。海外ではもちろん、日本国内でもそのような研究が盛んに行われるようになった。近い将来、本書の内容をさらに更新するような新しい成果も、紹介できるようになるだろう。

この本を読んだ若い読者が、南極を舞台にした難しくもやりがいのある研究活動に加わってくれたなら、この上ない喜びである。

おわりに

二〇二〇年二月に本書執筆の打診を受け取り、その直後に南米パタゴニアの氷河へ調査に出かけた。滞在先のアルゼンチンで国境が封鎖され、逃げるように帰国したのが三月末。以来、世界は新型コロナウイルスにもてあそばれている。そんな想定外の状況にあっても、気候変動に対する社会の危機感は薄れることがない。絶え間なく報じられる異常気象と自然災害の数々。温暖化対策を求める声は明らかに強まっている。

二〇二一年の夏、国内では九州を中心とした広い範囲で豪雨が続き、「線状降水帯」という聞き慣れない言葉が日常的に使われるようになった。一方、北海道では七月と八月の気温が過去最高を更新し、札幌で開催されたオリンピックマラソンも厳しい暑さに見舞われた。北米では六〜七月に摂氏五〇度に達する気温が記録され、一〇〇〇年に一度の熱波と報じられている。八月にはグリーンランド氷床の最高地点で、観測史上初めて（雪ではなく）雨が降ったという。

さらに二〇二一年一〇月、今度は嬉しいニュースであるが、ノーベル物理学賞が気候変動の研究者に贈られることが決まった。受賞者の一人、眞鍋淑郎(まなべしゅくろう)氏は気候モデル開発の先駆者として、温室効果ガスが地球に与える影響の理解に決定的な役割を果たした。また、共同で受賞したクラウス・ハッセルマン氏は、最新のＩＰＣＣ評価報告書が強調した「人間活動と気候変動の関係性」を明らかにした立役者である。地球科学がノーベル賞の対象となるのは非常に珍しい。それはすなわち、気候変動が人類にとって最も緊急かつ重要な問題のひとつであるという強い訴えかけでもあるのだろう。

気候変動の影響拡大が止まらない今、地球最大の氷に何が起きているのか、またこの先何が起きるのか。南極氷床を正しく理解することが急務となっている。日本の研究者がそのような研究の一翼を担えるのは、一九五七年から続く南極地域観測隊の活動があったからである。私も四九次、五三次、五九次観測隊に参加し、南極氷床で観測を行う機会を得た。また、この本が刊行される二〇二一年一一月には、六三次隊の一員として日本を発ち、ラングホブデ氷河で三度目の熱水掘削を行う。六〇年以上前に困難な活動を実現した先輩方の努力に敬意を表すると共に、観測隊を送り出す国立極地研究所のみなさんと、南極でお世話になった隊員の方々に、あらためて謝意を表する。

南極氷床の重要性を背景として、日本でも多分野の研究者が協力して複合的な南極研究プロジェクトが立ち上がった。私もこのプロジェクトに参加して、海洋、大気、気候、古環境、生物など、さまざまな分野の研究者と交流する機会に恵まれている。氷床変動だけでなく、南極を取り巻く知見について本書でまとめることができたのは、その経験によるところが大きい。川村賢二さんをリーダーとする、文部科学省・科学研究費助成事業・新学術領域研究「熱‐水‐物質の巨大リザーバ　全球環境変動を駆動する南大洋・南極氷床」に感謝したい。

また、これらの研究活動でご一緒した各分野の専門家から、原稿に対する示唆に富む助言、写真やデータの提供を受けた。前出の川村さんのほか、青木茂さん、阿部彩子さん、奥野淳一さん、齋藤冬樹さん、菅沼悠介さん、土屋達郎さん、藤田秀二さん、吉森正和さんをはじめとする皆さんに、厚く御礼を申し上げる。編集担当として、遅れがちな執筆を辛抱強くサポートし、出版まで導いて頂いた中公新書編集部の楊木文祥さんにも深く感謝する。

最後に、科学と書籍への興味を育ててくれた両親と、今年も笑顔で南極に送り出してくれる家族に、心からの「ありがとう」を伝えたい。

二〇二一年一〇月

杉山慎

コラム5

終章

図 4-7　著者作成
図 4-8　IPCC「変化する気候下での海洋・雪氷圏に関する特別報告書」より：https://www.ipcc.ch/srocc/
図 4-9　IPCC「変化する気候下での海洋・雪氷圏に関する特別報告書」より：https://www.ipcc.ch/srocc/
図 4-10　著者作成
図 4-11　著者作成
図 4-12　著者撮影
図 4-13　著者作成
図 4-14　著者作成
図 4-15　著者作成. データは Peltier, W. R. et al. (2018) に準拠
図 4-16　Pattyn, F.(2010) を基に著者作成：https://www.sciencedirect.com/science/article/abs/pii/S0012821X10002712?via%3Dihub

コラム 4

図コラム 4-1 上　RokerHRO / CC BY-SA 3.0：https://upload.wikimedia.org/wikipedia/commons/a/a1/Azimuthal_Equidistant_S90.jpg
図コラム 4-1 中、下　著者撮影

第五章

図 5-1　国立極地研究所提供
図 5-2　IPCC 第五次評価報告書および Lambert, F. et al. (2008) を基に著者作成：https://www.nature.com/articles/nature06763
図 5-3　IPCC 第四次評価報告書および Marcott, S. A. et al. (2013) を基に著者作成：https://science.sciencemag.org/content/339/6124/1198
図 5-4　Hannna, E. et al. (2020) を基に著者作成：https://www.sciencedirect.com/science/article/abs/pii/S0012825219303848?via%3Dihub
図 5-5　著者作成
図 5-6　著者作成
図 5-7　IPCC「変化する気候下での海洋・雪氷圏に関する特別報告書」を基に著者作成：https://www.ipcc.ch/srocc/
図 5-8　Golledge, N.R. et al. (2019) を基に著者作成：https://www.

書」より：https://www.ipcc.ch/srocc/
図 3-2　Rignot, E. et al. (2019)より：https://www.pnas.org/cgi/doi/10.1073/pnas.1812883116
図 3-3　LIMA を用いて著者作成．流動速度のデータは公開データセット（MEASURE），標高変化のデータは Smith, B. et al. (2020) に準拠
図 3-4　Shepherd A., et al.（2001）より：https://www.science.org/doi/full/10.1126/science.291.5505.862
図 3-5　NASA ホームページより：https://svs.gsfc.nasa.gov/30160
図 3-6　Google Earth より
図 3-7　著者作成
図 3-8　著者作成
図 3-9　著者作成．データは Depoorter, M. A. et al. (2013) に準拠：https://www.nature.com/articles/nature12567

コラム 3

図コラム 3-1 左　Google Earth より
図コラム 3-1 右　LIMA より

第四章

図 4-1　Frederikse, T. et al. (2020) より：https:// www.nature.com/articles/s41586-020-2591-3
図 4-2　著者作成．データは AMAP（2017）に準拠：https://www.amap.no/documents/doc/snow-water-ice-and-permafrost-in-the-arctic-swipa-2017/1610
図 4-3　地理院地図 Vector を用いて著者作成：https://maps.gsi.go.jp/vector/
図 4-4　地理院地図 Vector 用いて著者作成：https://maps.gsi.go.jp/vector/
図 4-5　奥野淳一氏提供．データは Peltier, W. R. et al. (2018) に準拠：https://agupubs.onlinelibrary.wiley.com/doi/full/10.1002/2016JB013844
図 4-6　大島（2010）を参考に作成

what-have-we-learned-paleoclimatology
図 1-4　著者作成
図 1-5　著者作成
図 1-6　著者作成．データは Wright, A. & Siegert, M. (2012) に準拠：https://www.cambridge.org/core/journals/antarctic-science/article/abs/fourth-inventory-of-antarctic-subglacial-lakes/81B35C31B0DFCE1B3A0705B779D3AF58
図 1-7　著者作成．データは Bindschadler, R. et al. (2011) に準拠：https://tc.copernicus.org/articles/5/569/2011/
図 1-8　著者作成

コラム 1

図コラム 1-1 左　著者作成
図コラム 1-1 右　著者撮影
図コラム 1-2　藤田秀二氏提供

第二章

図 2-1　IPCC ホームページより：https://www.ipcc.ch/
図 2-2　NASA ホームページより：https://www.nasa.gov/mission_pages/icesat/icesat-end.html
図 2-3　著者作成
図 2-4　パブリックドメイン
図 2-5　著者作成．イラストは Sangmesh Desai Sarkar / Shutterstock.com 提供
図 2-6　著者作成

コラム 2

図コラム 2-1　国立極地研究所ホームページの情報を用いて著者作成：https://www.nipr.ac.jp/antarctic/jare/member61.html

第三章

図 3-1　IPCC「変化する気候下での海洋・雪氷圏に関する特別報告

図版出典一覧

口絵

口絵Ⅰ上　Alexrk2 / CC BY-SA 3.0 : https://commons.wikimedia.org/wiki/File:Antarctica_relief_location_map.jpg

口絵Ⅰ下　Morlighem, M. et al. (2020) より : https://sites.uci.edu/morlighem/dataproducts/bedmachine-antarctica/

口絵Ⅱ左　Mouginot, J. et al. (2019) より ： https://agupubs.onlinelibrary.wiley.com/doi/10.1029/2019GL083826

口絵Ⅱ右　Landsat 衛星画像（LIMA）より ： https://earth.gsfc.nasa.gov/cryo/data/lima

口絵Ⅲ　Smith, B. et al. (2020) より : https://science.sciencemag.org/content/368/6496/1239.abstract

口絵Ⅳ　いずれも著者撮影

口絵Ⅴ上　著者撮影

口絵Ⅴ中左　土屋達郎氏撮影

口絵Ⅴ中右　著者撮影

口絵Ⅴ下左　Minowa et al. (2021) より : https://www.nature.com/articles/s41467-021-23534-w

口絵Ⅴ下右　Sugiyama et al. (2014) より : https://www.sciencedirect.com/science/article/pii/S0012821X14002957?via%3Dihub

序章

図 0-1　著者撮影

第一章

図 1-1　著者作成

図 1-2　Google Earth より

図 1-3　NOAA ホームページより ： https://www.ncei.noaa.gov/news/

終章

IPCC (2021) Climate Change 2021 : The Physical Science Basis. Contribution of WG I to the 6th Assessment Report of IPCC（「第六次評価報告書」）

コラム4

国立極地研究所南極観測センター編（2014）『南極観測隊のしごと――観測隊員の選考から暮らしまで』成山堂書店

第五章

藤井理行・本山秀明編著（2011）『アイスコア――地球環境のタイムカプセル』成山堂書店
横山祐典（2018）『地球46億年気候大変動』講談社
DeConto, R. M. & Pollard, D. (2016) Contribution of Antarctica to past and future sea-level rise. *Nature* 531, pp.591–597
Golledge, N.R. et al. (2019) Global environmental consequences of twenty-first-century ice-sheet melt. *Nature* 566, pp.65–72
Hannna, E. et al. (2020) Mass balance of the ice sheets and glaciers – Progress since AR5 and challenges. *Earth-Science Reviews* 201, Article 102976
IPCC (2007) 前掲：第二章
IPCC (2013) 前掲：第二章
IPCC (2019) 前掲：第二章、第四章
Lambert, F. et al. (2008) Dust-climate couplings over the past 800,000years from the EPICA Dome C ice core. *Nature* 452, pp.616–619
Marcott, S. A. et al. (2013) A reconstruction of regional and global temperature for the past 11,300 years. *Science* 339, pp.1198–1201

コラム5

Minowa, M. et al. (2021) Thermohaline structure and circulation beneath the Langhovde Glacier ice shelf in East Antarctica. *Nature Communications* 12, Article 4209
Sugiyama, S. et al. (2014) Active water exchange and life near the grounding line of an Antarctic outlet glacier. *Earth and Planetary Science Letters* 399, pp.52–60

第三章

渋谷和雄・福田洋一（2020）『南極地球物理学ノート――南極から探る地球の変動現象』京都大学学術出版会

Depoorter, M. A. et al. (2013) Calving fluxes and basal melt rates of Antarctic ice shelves. *Nature* 502, pp.89–92

Rignot, E. et al. (2019) Four decades of Antarctic Ice Sheet mass balance from 1979–2017, *Proceedings of the National Academy of Sciences of the United States of America* 116(4), pp.1095–1103

Shepherd A., et al. (2001) Inland thinning of Pine Island Glacier, West Antarctica. *Science* 291, pp.862–864

Smith, B. et al. (2020) Pervasive ice sheet mass loss reflects competing ocean and atmosphere processes. *Science* 368(6496), pp.1239–1242

第四章

青木茂（2011）『南極海ダイナミクスをめぐる地球の不思議』シーアンドアール研究所

大島慶一郎（2010）「塩のさじ加減で決まる海洋大循環」北海道大学ホームページ：http://wwwoa.ees.hokudai.ac.jp/readings/2010/ohshima_ice-ocean01.html

山内恭（2009）『南極・北極の気象と気候』成山堂書店

AMAP (2017) Snow, Water, Ice and Permafrost in the Arctic

Frederikse, T. et al. (2020) The causes of sea-level rise since 1900. *Nature* 584, pp.393–397

IPCC (2019) 前掲：第二章

Pattyn, F. (2010) Antarctic subglacial conditions inferred from a hybrid ice sheet/ice stream model. *Earth and Planetary Science Letters* 295, pp.451–461,

Peltier, W. R. et al. (2018) Comment on "An assessment of the ICE-6G_C (VM5a) glacial isostatic adjustment model" by Purcell et al. *Journal of Geophysical Research: Solid Earth* 123, pp.2019–2028

主要参考文献

全般

IPCC 各報告書　https://www.ipcc.ch/

日本の南極観測（国立極地研究所）　https://www.nipr.ac.jp/antarctic/

第一章

岩田修二（2011）『氷河地形学』東京大学出版会

南極 OB 会編集委員会編（2019）『南極読本』成山堂書店

Morlighem, M. et al.(2020) Deep glacial troughs and stabilizing ridges unveiled beneath the margins of the Antarctic ice sheet. *Nature Geoscience* 13, pp.132–137

Mouginot, J. et al.(2019) Continent-wide, interferometric SAR phase, mapping of Antarctic ice velocity. *Geophysical Research Letters* 46, pp.9710–9718

Wright, A. & Siegert, M.(2012) A fourth inventory of Antarctic subglacial lakes, *Antarctic Science* 24(6), pp.659–664

第二章

IPCC (2007) Climate Change 2007: The Physical Science Basis. Contribution of WG I to the 4th Assessment Report of IPCC（「第四次評価報告書」）

IPCC (2013) Climate Change 2013: The Physical Science Basis. Contribution of WG I to the 5th Assessment Report of IPCC（「第五次評価報告書」）

IPCC (2019) IPCC Special Report on the Ocean and Cryosphere in a Changing Climate（「変化する気候下での海洋・雪氷圏に関する特別報告書」）

杉山 慎（すぎやま・しん）

1969年愛知県生まれ．博士（地球環境科学）．93年大阪大学大学院基礎工学研究科修士課程修了．93～97年，信越化学工業で光通信用デバイスの研究開発に従事．97年より2年間，青年海外協力隊に参加し，ザンビア共和国の高等学校で理数科教員を務める．2003年北海道大学大学院地球環境科学研究科博士課程修了．スイス連邦工科大学研究員，北海道大学低温科学研究所講師，同准教授を経て，17年より同教授．南極や北極グリーンランド，パタゴニアをはじめとする氷床・氷河の大規模調査を主導．

著書『なぞの宝庫・南極大陸』（共著，技術評論社，2008）
『低温科学便覧』（共著，丸善出版，2015）
『低温環境の科学事典』（共著，朝倉書店，2016）
ほか

南極の氷に何が起きているか

中公新書 2672

2021年11月25日発行

著 者 杉山 慎
発行者 松田陽三

本文印刷 三晃印刷
カバー印刷 大熊整美堂
製 本 小泉製本

発行所 中央公論新社
〒100-8152
東京都千代田区大手町 1-7-1
電話 販売 03-5299-1730
編集 03-5299-1830
URL http://www.chuko.co.jp/

Published by CHUOKORON-SHINSHA, INC.
Printed in Japan ISBN978-4-12-102672-9 C1244